W0258881

Werner Prochazka
Friedrich Bensch

Geometriefaktoren in der Feldphysik

Theoretische und meßtechnische Berücksichtigung endlicher Anordnungen

Springer-Verlag
Wien GmbH

Dipl.-Ing. Dr. techn. Werner Prochazka
Institut für Elastizitäts- und Festigkeitslehre,
Technische Universität Wien, Österreich

Univ.-Doz. Dr. phil. Friedrich Bensch
Atominstitut der Österreichischen Universitäten, Wien, Österreich

Das Werk ist urheberrechtlich geschützt.
Die dadurch begründeten Rechte, insbesondere die der Übersetzung, des Nachdruckes, der Entnahme von Abbildungen, der Funksendung, der Wiedergabe auf photomechanischem oder ähnlichem Wege und der Speicherung in Datenverarbeitungsanlagen, bleiben, auch bei nur auszugsweiser Verwertung, vorbehalten.
© 1977 by Springer-Verlag Wien
Ursprünglich erschienen bei Springer-Verlag Wien New York 1977

Mit 9 Abbildungen

ISBN 978-3-211-81427-7 ISBN 978-3-7091-8485-1 (eBook)
DOI: 10:1007/978-3-7091-8485-1

Ing. Karl Prochazka
zum 75. Geburtstag gewidmet

Vorwort

In der theoretischen Feldphysik werden im allgemeinen Felderreger und Feldsonde punktförmig vorausgesetzt, weil Rechnungen für diesen einfachen Fall den geringsten Aufwand erfordern. In realen Meßanordnungen hingegen wird eine solche Idealisierung nie streng erreicht oder ergibt keine sinnvolle Betrachtung. In vielen Fällen hängt die Abweichung der realen Meßgröße von der Meßgröße der idealisierten punktförmigen Anordnung ausschließlich von geometrischen Faktoren ab. Unter dieser Voraussetzung werden im vorliegenden Buch Näherungslösungen hohen Genauigkeitsgrades abgeleitet und diskutiert. Als Sonderfall lassen sich mit Hilfe dieser Beziehungen auch Raumwinkel berechnen. Die zur Berücksichtigung der Geometrieabhängigkeit erforderlichen Korrekturkoeffizienten werden für Felderreger und Feldsonden beliebiger Lage und inhomogener Dichteverteilung durch eine Formel angegeben. Es wird nicht nur eingehend erörtert, wie man aus den Beziehungen für punktförmige Anordnungen auf erwartete Meßwerte endlich ausgedehnter Anordnungen schließen kann, sondern auch, wie man den schwierigeren und mühsameren umgekehrten Schluß von realen Meßwerten auf entsprechende Werte punktförmiger Anordnungen zieht. Ausführlich behandelte Beispiele, Tabellen und ein Rechenprogramm erleichtern den praktischen Gebrauch der Korrekturformeln.

Auf diese Weise können Probleme gelöst werden, die sonst quantitativ schwer erfaßbar sind. Vielleicht ist es am anschaulichsten, aus der ungeheuren Vielfalt denkbarer Anwendungen zwei willkürliche, jedoch charakteristische konkrete Fragestellungen aus den Gebieten des Strahlenschutzes und der Lichttechnik auszuwählen:

In einem geplanten Gebäude sollen bestimmte Mauern aus einem Material (z. B. Granit, Schlackenbeton o. ä.) bestehen, das außergewöhnlich viel Uran, Thorium oder Kalium-40 enthält und daher leicht radioaktiv ist; Fertigteil-Platten aus Gips, wie sie zur Herstellung von Zwischenwänden dienen, haben mitunter einen meßbaren Gehalt an Radium. Jede Wand aus einem solchen Material bildet eine Flächenquelle von γ-Strahlen. Welche Dosisleistung muß für eine Person erwartet werden, die in bestimmter Entfernung von der betrachteten Wand täglich arbeitet?

Die Strahlung einer rechteckigen Lichtquelle dringt in einiger Entfernung durch eine rechteckige Blendenöffnung (Fenster). Wie groß ist der Raumwinkel der Blende für die Lichtquelle?

Wir selbst sind ursprünglich auf das Problem der Größenkorrektur durch Aufgaben der Neutronenphysik gekommen, in der häufig endlich große Quellen und Sonden zu berücksichtigen sind. Dadurch angeregt, haben wir auch experimentelle Untersuchungen durchgeführt, deren Ergebnisse mit den theoretisch erwarteten Werten im Einklang stehen. Darüber soll jedoch zu einem späteren Zeitpunkt berichtet werden. Die zugehörigen Studien haben im Laufe mehrerer Jahre Gestalt und Umfang des vorliegenden Buches angenommen.

Im Zusammenhang mit dem Kapitel über Multipolentwicklung sind wir Herrn Universitätsprofessor Dr. Gernot Eder für wertvolle Anregungen und Hinweise zu Dank verpflichtet. Nicht zuletzt sagen wir dem Springer-Verlag in Wien für die freundliche Förderung und die verständnisvolle Zusammenarbeit unseren aufrichtigen Dank.

Wien, im Januar 1977 **Werner Prochazka** und **Friedrich Bensch**

Inhaltsverzeichnis

1. Einleitung und Problemstellung

In der Feldphysik kennt man häufig auf Grund theoretischer Zusammenhänge die örtliche Verteilung der Werte einer Feldgröße (z.B. elektrische Feldstärke, Gravitationspotential), wobei etwa einer punktförmigen Quelle (elektrische Ladung, gravitierende Masse) in jedem Punkt des betrachteten Raumteiles ein Wert der Feldgröße zugeordnet ist. Selbstverständlich werden in zahlreichen theoretischen Ansätzen auch räumlich ausgedehnte Felderreger und Feldsonden betrachtet. Es liegt daher die Frage nahe, wie sich die Feldgrößen infolge der räumlichen Ausdehnung des Felderregers ändern. Die Interpretation einer realen Messung wird stets dadurch erschwert, daß ihre Ergebnisse von Versuchsanordnungen endlicher Ausdehnung stammen; d.h., daß weder der Felderreger, noch die Feldsonde (der Probekörper) geometrisch punktförmig sind. Analoge Überlegungen gelten, wenn der Raumwinkel einer Eintrittsblende (Apertur) für eine Strahlenquelle gesucht wird. Soferne der Abstand der geometrischen Mittelpunkte von Quelle Q und Sonde S wesentlich größer ist als der größte Durchmesser von Q und S, dann läßt sich vielfach die endliche Ausdehnung vernachlässigen; nicht immer steht jedoch eine zuverlässige Abschätzung zur Verfügung, ob diese Vernachlässigung gerechtfertigt ist. In anderen Fällen wiederum ist eine solche Vernachlässigung prinzipiell unzulässig.

Wir suchen daher nach Korrekturen, die es ermöglichen, aus den "realen" Werten (Meßdaten, Daten bei räumlicher Ausdehnung von Felderreger und Feldsonde) auf jene Werte zu schließen, die sich bei einer "idealen" (Meß-)Anordnung ergeben (Q und S punktförmig) und umgekehrt. Die Abweichung der "realen" von den "idealen" Meßgrößen soll ausschließlich von geometrischen Faktoren abhängen. Eine Selbstabschirmung der Meßgröße in Q oder S wird also nicht betrachtet; außerdem hängen Selbstabschirmungseffekte gewöhnlich vom speziellen Problem ab.
Eine exakte Lösung kann jedoch nur in einfachsten Fällen mit mäßigem Aufwand gefunden werden. Daher setzen wir uns in der vorliegenden Arbeit zum Ziel, vielseitig anwendbare Näherungslösungen zu

entwickeln, die für die meisten Fälle eine genügende Genauigkeit aufweisen.

Probleme dieser Art sind in der Astronomie bei nahen Doppelsternen gegeben /1-3/. Ein anderes Anwendungsbeispiel stellt eine Anordnung dar, die aus einem mit γ-aktivem Gas gefüllten Ballon und einer "luftwändigen" Ionisationskammer (z.B. zylindrischer Form) besteht. Im folgenden bringen wir Beispiele aus der Neutronenphysik. Zur genauen Bestimmung der Quellenstärke, der Diffusionslänge, des Neutronenalters und anderer Parameter, die durch Flußdichtemessungen ermittelt werden, ist die räumliche Ausdehnung der Neutronenquelle, nötigenfalls auch die der Sonden zu berücksichtigen, um eine richtige Auswertung der Meßergebnisse zu ermöglichen. Radioaktive Neutronenquellen haben gewöhnlich Kugel- oder Zylindergestalt; die Quellenstärke ist zum Volumen der Quelle proportional. Die Absorption von Aktivierungssonden hinreichend geringer Dicke ist in einem homogenen Feld zum Volumen der Sonde proportional.

Bei den genannten Beispielen aus der Neutronenphysik sind Quelle und Sonde in einem Moderator eingebettet. Eine zusätzliche Störung kann allerdings dadurch auftreten, daß die räumlich ausgedehnte Quelle eine entsprechende Moderatormenge verdrängt. Wenn diese Störung nicht vernachlässigbar ist, muß sie durch eine sogenannte Zweizonenrechnung berücksichtigt werden; denn sie wird durch die hier beschriebene Art der Korrektur nicht erfaßt.

Im allgemeinen wird es bei Aktivierungssonden genügen, die Flächenausdehnung allein zu betrachten. Andererseits gibt es auch Fälle von Flächenquellen. So kann man eine Folie aus Uran 235, die von thermischen Neutronen getroffen wird, als Flächenquelle von Spaltneutronen auffassen.

In vielen Problemen ermöglichen Formeln der folgenden Gestalt eine geeignete Korrektur hinsichtlich der endlichen Ausdehnung:

$$C_m(r_o) = C(r_o) + K^{(1)} \left.\frac{dC(r)}{dr}\right|_{r=r_o} + K^{(2)} \frac{1}{2!} \left.\frac{d^2C(r)}{dr^2}\right|_{r=r_o} . \qquad (1.1)$$

$C_m(r_o)$ ist die bei einer realen Anordnung erhaltene Größe. $C(r_o)$

ist die Größe, die bei punktförmigen Anordnungen zu erwarten ist. $K^{(1)}$ und $K^{(2)}$ sind Konstante, die von den geometrischen Abmessungen von Q und S und von r_o, dem Abstand der geometrischen Mittelpunkte von Q und S, abhängen.
In Anwendungen aus der Neutronenphysik ist unter C gewöhnlich die Sondenaktivität oder eine dazu proportionale Größe zu verstehen.

Die Korrekturformel (1.1) enthält die erste und zweite Ableitung der Größe C(r) an der Stelle r_o. In manchen Problemen kennt man diese Werte ohnehin (Beispiel: Punktförmiger γ-Strahler bekannter Aktivität und räumlich ausgedehnte Ionisationskammer. Wenn das quadratische Abstandsgesetz gilt, liefert es auch die Werte der Differentialquotienten) oder man kennt zumindest die Quotienten $\{dC(r)/dr\}\big|_{r=r_o}/C(r_o)$ und $\{d^2C(r)/dr^2\}\big|_{r=r_o}/C(r_o)$. Ist dagegen die Aufgabe gestellt, aus Meßdaten auf die Werte ideal punktförmiger Anordnungen zu schließen, so lautet die Korrekturformel (1.1)

$$C(r_o) + K^{(1)} \frac{dC(r)}{dr}\bigg|_{r=r_o} + K^{(2)} \frac{1}{2!} \frac{d^2C(r)}{dr^2}\bigg|_{r=r_o} = C_m(r_o), \qquad (1.2)$$

wenn wir wiederum alle bekannten Größen rechts vom Gleichheitszeichen anschreiben*). Die Bestimmung der gesuchten Größe $C(r_o)$ aus Gl.(1.2) ist jedoch schwieriger als die Bestimmung von $C_m(r_o)$ aus Gl.(1.1), weil nicht nur $C(r_o)$, sondern auch die Differentialquotienten $\{dC(r)/dr\}\big|_{r=r_o}$ und $\{d^2C(r)/dr^2\}\big|_{r=r_o}$ unbekannt sind. In Kapitel 7 geben wir Lösungswege für die Berechnung von $C(r_o)$ an.

Die hier betrachtete Art der Korrektur enthält die Annahme, daß die endliche Ausdehnung von Q und S nur eine schwache Störung des Systems herbeiführt; d.h., daß die geometrischen Abmessungen von Q und S klein gegenüber gegebenenfalls auftretenden charakteristischen Längen und gegenüber r_o sind. Letztere Bedingung muß jedoch nicht streng eingehalten werden. Wir können nämlich den Gültigkeitsbereich der Korrekturformel für verhältnismäßig kleine Werte

*) Selbstverständlich bedeutet hier $C_m(r_o)$ einen Meßwert, der hinsichtlich aller anderen störenden Einflüsse und Fehlerquellen bereits korrigiert ist; es ist also nur mehr die Größenkorrektur vorzunehmen.

von r_o abschätzen, indem wir einen Korrekturausdruck höherer Näherung berechnen. An Hand der Angaben in praktisch vorkommenden Anordnungen läßt sich dann zeigen, daß die vorgeschlagene Korrektur in den meisten Fällen ausreicht. Dieses Ergebnis ist für den Wert der Korrekturformel wesentlich. Man kann sie unter anderem dadurch ableiten, daß der Abstand r zweier beliebiger Punkte von Q und S in der Form $r = r_o\sqrt{1+\delta}$ dargestellt und der Wurzelausdruck in eine Binomialreihe nach δ entwickelt wird. Aus der Konvergenzbedingung $|\delta| < 1$ ergibt sich die Bestimmungsgleichung $r_{max}/r_o = \sqrt{2}$ für die untere Grenze r_{og} des Gültigkeitsbereiches der Formel. Dabei ist r_{max} der größtmögliche Abstand, den ein Quellenpunkt von einem Sondenpunkt bei vorgegebenem r_o annehmen kann.

Wir fragen im folgenden nach den Werten von $K^{(1)}$ und $K^{(2)}$, die sich bei verschiedenen Konfigurationen von Q und S ergeben. In der Literatur /4-7/ wird auf die Verwendung der zweiten Ableitung in der Korrekturformel verzichtet und die Konstante $K^{(1)}$ nur für wenige Spezialfälle von Flächenquellen, nämlich für die vier möglichen Kombinationen von rechteckiger und kreisförmiger Quelle und Sonde näherungsweise angegeben. Der Anwendungsbereich beschränkt sich auf parallele Ebenen von Q und S, wobei noch vorausgesetzt wird, daß Quellen- und Sondenmittelpunkt auf einer gemeinsamen Normalen zu diesen Ebenen liegen. Diese Formeln wurden in einigen Arbeiten auch zur Korrektur bei räumlich ausgedehnten Quellen herangezogen, indem die Querschnittsfläche als Maß eingesetzt wurde. Wie aus den unten angegebenen Formeln ersichtlich ist, ergeben sich bei dieser Vereinfachung im allgemeinen nicht die richtigen Korrekturwerte (vgl. in der Tabelle 2.2 die Fälle 1 und 8, 2 und 16, 3 und 10, 4 und 14). In einer Studie /8/ zu der vorliegenden Arbeit wurden erstmalig Korrekturkoeffizienten für räumlich ausgedehnte Quellen und Sonden berechnet.

Nunmehr suchen wir Korrekturformeln höheren Näherungsgrades für räumliche Konfigurationen beliebiger Winkellagen von Quelle und Sonde und formulieren im folgenden als ersten Schritt den Grundgedanken der Größenkorrektur in einer dem Problem angepaßten allgemeinen Form.

2. Die Korrekturformel

2.1. Beschreibung der räumlichen Beziehungen und Ableitung der allgemeinen Korrekturformel

Wir kennzeichnen die gegenseitige räumliche Lage von Quelle und Sonde durch ein rechtwinkliges Koordinatensystem U, in dessen Punkten (0,0,0) und $(0,0,r_0)$ sich jeweils ein um die Winkel ϕ',θ',ψ' bzw. ϕ,θ,ψ ("Eulerwinkel") verdrehtes weiteres rechtwinkliges Koordinatensystem X' bzw. X befinde (Abb. 2.1). Die Quelle sei ortsfest mit X' verbunden, erstrecke sich über einen Bereich **B'**; ihr Mittelpunkt stimme mit dem Koordinatenursprung überein. Ein beliebiger Punkt aus **B'** werde in U durch $\mathbf{r}' = (r_1',r_2',r_3')$ und in X' durch $\mathbf{x}' = (x_1',x_2',x_3')$ beschrieben. Analoges gelte in ungestrichenen Größen für die Sonde.

Wir greifen nun aus **B'** und **B** je einen Punkt willkürlich heraus. Mit **r'** als Quellpunkts- und **r** als Aufpunktskoordinate wird dann der Abstand beider Punkte $r = |\mathbf{r}-\mathbf{r}'|$. Bezeichnen wir mit

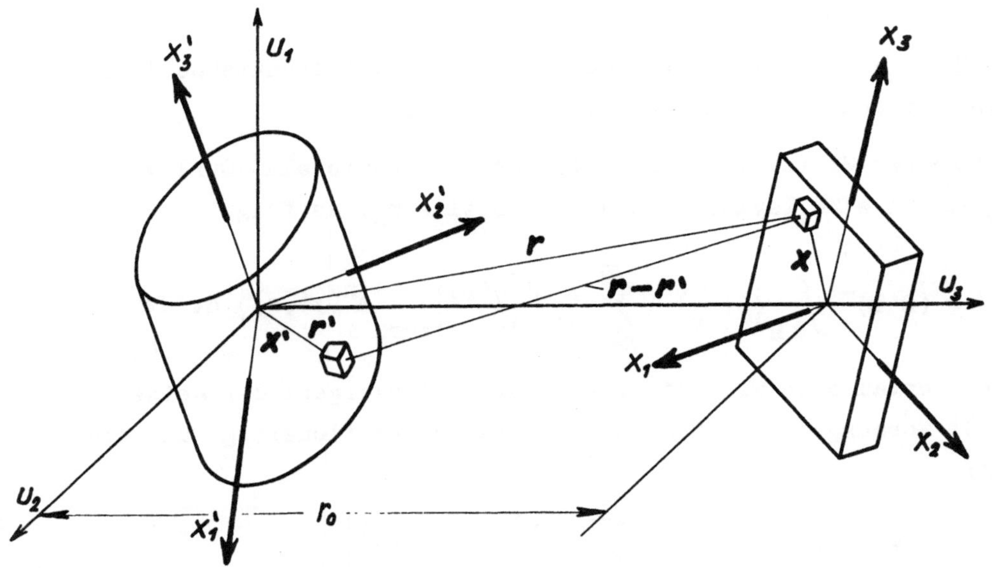

Abb. 2.1. Beschreibung der räumlichen Lage von Quelle und Sonde

$C(r)/(B'B)$ jene Meßgröße (im folgenden Aktivität genannt), bezogen auf die Volumseinheit von $\mathbf{B}'$ und $\mathbf{B}$, die der Quellpunkt im Aufpunkt bewirkt, so erhalten wir für die gemessene Aktivität $C_m(r_o)$ durch Integration über Quellen- und Sondenvolumen:

$$C_m(r_o) = \int_{\mathbf{B},\mathbf{B}'} \{C(r)/(B'B)\} d\mathbf{r}' d\mathbf{r} \ . \qquad (2.1)$$

Implizit haben wir dabei vorausgesetzt, daß der Einfluß eines Quellpunktes auf einen Sondenpunkt nur von ihrem Abstand abhängt. Diese Forderung bedeutet, daß - zumindest vorläufig - Quelle und Sonde homogen und Selbstabschirmungserscheinungen vernachlässigbar sein müssen. Später (siehe Kapitel 5) wird sich die Voraussetzung der Homogenität erübrigen.

Sind gemäß unserer Annahme die Abmessungen der Quelle und der Sonde klein gegenüber r_o (eine genauere Formulierung dieser Bedingung wird weiter unten gebracht), so läßt sich r durch r_o in der Form

$$r = r_o + \Delta(\mathbf{r}',\mathbf{r}) \qquad (2.2)$$

ausdrücken, wobei $\Delta(\mathbf{r}',\mathbf{r})$ von Quellpunkts- und Aufpunktskoordinaten abhängt und eine kleine Größe darstellt.

Wir setzen Gl.(2.2) in Gl.(2.1) ein und entwickeln $C(r) = C(r_o+\Delta)$ in eine Taylorreihe an der Stelle r_o; es folgt:

$$C_m(r_o) = (B'B)^{-1} \int_{\mathbf{B},\mathbf{B}'} \left\{ C(r_o) + \sum_{n=1}^{\infty} \frac{1}{n!} \left. \frac{d^n C(r)}{dr^n} \right|_{r=r_o} \Delta^n(\mathbf{r}',\mathbf{r}) \right\} d\mathbf{r}' d\mathbf{r} \ . \qquad (2.3)$$

Weiters vertauschen wir, die gleichmäßige Konvergenz der Reihe in Gl.(2.3) vorausgesetzt, Summations- und Integrationsfolge und erhalten:

$$C_m(r_o) = C(r_o) + \sum_{n=1}^{\infty} K^{(n)} \frac{1}{n!} \left. \frac{d^n C(r)}{dr^n} \right|_{r=r_o} \qquad (2.4a)$$

mit

$$K^{(n)} = (B'B)^{-1} \int_{\mathbf{B},\mathbf{B}'} \Delta^n(\mathbf{r}',\mathbf{r}) \, d\mathbf{r}' d\mathbf{r} \qquad (n = 1,2,3,\ldots) \qquad (2.4b)$$

bzw.

$$C_m(r_o) = C(r_o) \Big\{ \underbrace{1 + \sum_{n=1}^{\infty} K^{(n)} q^{(n)}}_{K} \Big\} , \qquad (2.4c)$$

wenn wir die Abkürzungen

$$q^{(n)} = \frac{1}{n!} \frac{d^n C(r)}{dr^n}\bigg|_{r=r_o} / C(r_o) \quad (n = 1,2,3,\ldots) \qquad (2.4d)$$

einführen. Der Klammerausdruck K in Gl.(2.4c) stellt den exakten Korrekturfaktor dar.

Berücksichtigen wir nur die beiden ersten Ausdrücke in Gl.(2.4a), so erhalten wir

$$C_m(r_o) = C(r_o) + K^{(1)} \frac{dC(r)}{dr}\bigg|_{r=r_o} ; \qquad (2.5)$$

dies ist die in der Literatur /4-8/ bekannte Korrekturformel, wobei, genau genommen, $K^{(1)}$ durch die Näherung $K_1^{(1)}$, deren Bedeutung erst unten erörtert wird, zu ersetzen ist.
Verwenden wir auch noch das nächste Entwicklungsglied in Gl.(2.4a), so lautet die Korrekturformel

$$C_m(r_o) = C(r_o) + K^{(1)} \frac{dC(r)}{dr}\bigg|_{r=r_o} + K^{(2)} \frac{1}{2!} \frac{d^2C(r)}{dr^2}\bigg|_{r=r_o} . \qquad (2.6)$$

$C(r_o)$ ist dabei die Aktivität für punktförmige Quelle und Sonde.

Wir beziehen uns im folgenden auf die Korrekturformel (2.6). Sind wenigstens die Quotienten $q^{(1)} = \{dC(r)/dr\}|_{r=r_o}/C(r_o)$ und $q^{(2)} = (2!)^{-1}\{d^2C(r)/dr^2\}|_{r=r_o}/C(r_o)$ nach Gl.(2.4d) bekannt, so schreibt sich die Gl.(2.6)

$$C_m(r_o) = C(r_o) \Big\{ 1 + K^{(1)} q^{(1)} + K^{(2)} q^{(2)} \Big\} , \qquad (2.7)$$

während sie im Sinne der Korrekturformel (1.2)

$$C(r_o) + K^{(1)} \frac{dC(r)}{dr}\bigg|_{r=r_o} + K^{(2)} \frac{1}{2!} \frac{d^2C(r)}{dr^2}\bigg|_{r=r_o} = C_m(r_o) \qquad (2.8)$$

lautet.

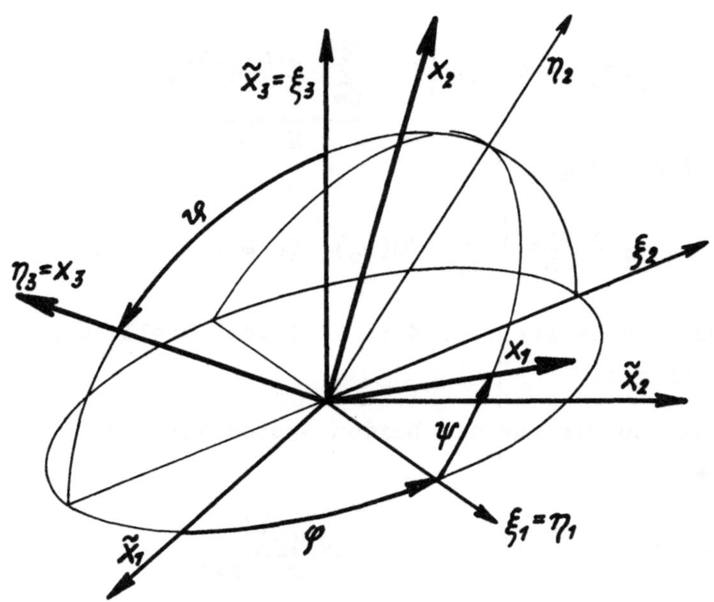

Abb. 2.2. Die beiden rechtwinkligen Koordinatensysteme X und $\tilde{X}$

Wir haben nun die Integrale $K^{(n)}$ (n = 1,2,3,...), Gl.(2.4b), auszuwerten, welche die geometrischen Verhältnisse zwischen Q und S beschreiben. Zu diesem Zweck wird r in eine Potenzreihe nach r_o entwickelt, wobei die Koeffizienten von der geometrischen Anordnung abhängen. Als ersten Schritt betrachten wir zwei rechtwinklige Koordinatensysteme X, $\tilde{X}$, die den gleichen Koordinatenursprung haben und um die Eulerwinkel ϕ,θ,ψ gegeneinander verdreht sind (Abb. 2.2): Der Übergang von $\tilde{X}$ zu X läßt sich bekanntlich durch drei aufeinanderfolgende Drehungen um jeweils nur eine Achse beschreiben:

1. Drehung um $\tilde{x}_3$, um den Winkel ϕ:

$$\xi = \mathbf{D}_1\tilde{\mathbf{x}}, \text{ mit der Drehmatrix } \mathbf{D}_1 = \begin{pmatrix} \cos\phi & \sin\phi & 0 \\ -\sin\phi & \cos\phi & 0 \\ 0 & 0 & 1 \end{pmatrix}. \tag{2.9}$$

2. Drehung um ξ_1, um den Winkel θ:

$$\eta = \mathbf{D}_2\xi, \text{ mit der Drehmatrix } \mathbf{D}_2 = \begin{pmatrix} 1 & 0 & 0 \\ 0 & \cos\theta & \sin\theta \\ 0 & -\sin\theta & \cos\theta \end{pmatrix}. \tag{2.10}$$

3. Drehung um η_3, um den Winkel ψ:

$$\mathbf{x} = \mathbf{D}_3\eta, \text{ mit der Drehmatrix } \mathbf{D}_3 = \begin{pmatrix} \cos\psi & \sin\psi & 0 \\ -\sin\psi & \cos\psi & 0 \\ 0 & 0 & 1 \end{pmatrix}. \quad (2.11)$$

Der Zusammenhang zwischen $\tilde{\mathbf{x}}$ und $\mathbf{x}$, die Beschreibung ein und desselben Punktes einmal im $\tilde{X}$- und einmal im X-System, ist also durch $\tilde{\mathbf{x}} = \mathbf{A}\mathbf{x}$ gegeben, wobei $\mathbf{A} = (\mathbf{D}_3\mathbf{D}_2\mathbf{D}_1)^{-1}$ ist:

$$\mathbf{A}(\phi,\theta,\psi) =$$

$$= \begin{pmatrix} \cos\phi\cos\psi-\sin\phi\cos\theta\sin\psi & -\cos\phi\sin\psi-\sin\phi\cos\theta\cos\psi & \sin\phi\sin\theta \\ \sin\phi\cos\psi+\cos\phi\cos\theta\sin\psi & -\sin\phi\sin\psi+\cos\phi\cos\theta\cos\psi & -\cos\phi\sin\theta \\ \sin\theta\sin\psi & \sin\theta\cos\psi & \cos\theta \end{pmatrix}. \quad (2.12)$$

Wenden wir uns wieder der gestellten Aufgabe zu. Es besteht also der Zusammenhang

$$\mathbf{r}' = \tilde{\mathbf{x}}' = \mathbf{A}'\mathbf{x}' , \quad (2.13)$$

$$\mathbf{r} = \mathbf{r}_o + \tilde{\mathbf{x}} = \mathbf{r}_o + \mathbf{A}\mathbf{x} , \quad (2.14)$$

mit $\mathbf{r}_o = (0,0,r_o)$, woraus weiter

$$r = |\mathbf{r}-\mathbf{r}'| = |\mathbf{r}_o - (\mathbf{A}'\mathbf{x}' - \mathbf{A}\mathbf{x})| \quad (2.15)$$

folgt. Wir gehen nun zur Indexschreibweise über und verwenden das Summationsübereinkommen; der Zusammenhang wird etwa auftretende Mehrdeutigkeiten ausschließen. Ferner beachten wir, daß die Drehmatrixelemente $a'_{ik} = a'_{ik}(\phi',\theta',\psi')$ und $a_{ik} = a_{ik}(\phi,\theta,\psi)$ Funktionen der Eulerwinkel sind und die Orthogonalitätsrelationen

$$a'_{ik}a'_{il} = \delta_{kl} , \qquad a_{ik}a_{il} = \delta_{kl} ,$$

$$a'_{ik}a'_{lk} = \delta_{il} , \qquad a_{ik}a_{lk} = \delta_{il} \quad (2.16)$$

erfüllen. Es wird

$$r^2 = r_o^2 - 2r_o(a'_{3k}x'_k-a_{3k}x_k) + (a'_{ik}x'_k-a_{ik}x_k)(a'_{il}x'_l-a_{il}x_l) \quad (2.17)$$

und unter Verwendung von Gl.(2.16)

$$r^2 = r_o^2 \left\{1 + [-2(a'_{3k}x'_k - a_{3k}x_k)/r_o + (x'_kx'_k - 2a'_{ik}a_{il}x'_kx_l + x_kx_k)/r_o^2]\right\}, \tag{2.18}$$

$$r = r_o \left\{1 + [-2(a'_{3k}x'_k - a_{3k}x_k)/r_o + (x'_kx'_k - 2a'_{ik}a_{il}x'_kx_l + x_kx_k)/r_o^2]\right\}^{1/2}, \tag{2.19}$$

oder $r = r_o\,(1 + \delta)^{1/2}$.

Entwickeln wir den Wurzelausdruck in eine Binomialreihe, so erhalten wir

$$r = r_o\,(1 + \frac{1}{2}\delta - \frac{1}{8}\delta^2 + \frac{1}{16}\delta^3 - \frac{5}{128}\delta^4 + \ldots) . \tag{2.20}$$

Diese Reihe konvergiert für $|\delta| < 1$, was bei hinreichender Kleinheit von Quellen- und Sondendimension in bezug auf ihren Mittelpunktsabstand r_o erfüllt ist. Wie wir am Anfang vorweggenommen haben, folgt daraus die Grenzbedingung $r_{max}/r_o = \sqrt{2}$.

Wir benötigen die Entwicklung bis zur Ordnung $1/r_o$, ziehen aber auch die Glieder $1/r_o^2$ und $1/r_o^3$ in Betracht, um die oben aufgestellte Forderung der Kleinheit von Q und S zu präzisieren. Gemäß Gl.(2.2) erhalten wir aus Gl.(2.20)

$$\Delta = A_o + A_1/r_o + A_2/r_o^2 + A_3/r_o^3 + \ldots ; \tag{2.21}$$

dabei ist

$$A_o = -(a'_{3k}x'_k - a_{3k}x_k) , \tag{2.21a}$$

$$A_1 = \frac{1}{2}\left[x'_kx'_k - 2a'_{ik}a_{il}x'_kx_l + x_kx_k - (a'_{3k}x'_k - a_{3k}x_k)^2\right], \tag{2.21b}$$

$$A_2 = \frac{1}{2}\Big[(a'_{3k}x'_k - a_{3k}x_k)(x'_mx'_m - 2a'_{im}a_{in}x'_mx_n + x_mx_m) - - (a'_{3k}x'_k - a_{3k}x_k)^3\Big], \tag{2.21c}$$

$$A_3 = \frac{1}{8}\Big[-(x'_kx'_k - 2a'_{ik}a_{il}x'_kx_l + x_kx_k)^2 + + 6(a'_{3k}x'_k - a_{3k}x_k)^2(x'_mx'_m - 2a'_{im}a_{in}x'_mx_n + x_mx_m) - - 5(a'_{3k}x'_k - a_{3k}x_k)^4\Big] . \tag{2.21d}$$

Setzen wir nun Gl.(2.21) in Gl.(2.4b) ein, so erhalten wir das gesuchte Ergebnis für die Integrale $K^{(n)}$; in Hinblick auf die Korrekturformel (2.6) und auf die weiteren Überlegungen schreiben wir die ersten vier Werte explizit an:

$$K^{(1)} = (B'B)^{-1}\int_{B,B'}(A_o + A_1/r_o + A_2/r_o^2 + A_3/r_o^3 + \ldots)(dx')(dx) \ , \tag{2.22a}$$

$$K^{(2)} = (B'B)^{-1}\int_{B,B'}[A_o^2 + 2A_oA_1/r_o + (2A_oA_2+A_1^2)/r_o^2 + (2A_oA_3+2A_1A_2)/r_o^3 + \ldots](dx')(dx) \ , \tag{2.22b}$$

$$K^{(3)} = (B'B)^{-1}\int_{B,B'}[A_o^3 + 3A_o^2A_1/r_o + (3A_o^2A_2+3A_oA_1^2)/r_o^2 + (3A_o^2A_3+6A_oA_1A_2+A_1^3)/r_o^3 + \ldots](dx')(dx) \ , \tag{2.22c}$$

$$K^{(4)} = (B'B)^{-1}\int_{B,B'}[A_o^4 + 4A_o^3A_1/r_o + (4A_o^3A_2+6A_o^2A_1^2)/r_o^2 + (4A_o^3A_3+12A_o^2A_1A_2+4A_oA_1^3)/r_o^3 + \ldots](dx')(dx) \ , \tag{2.22d}$$

....

2.2. Spezialisierung auf symmetrische Quellen und Sonden

Bisher wäre es eigentlich nicht zwingend notwendig gewesen, die Existenz eines Mittelpunktes von Q und S vorauszusetzen. Für die weitere Rechnung beschränken wir uns jedoch auf solche Quellen- und Sondenformen, für die die Koordinatenebenen zugleich Symmetrieebenen sind. Die Gleichungen (2.22) vereinfachen sich dann wesentlich, weil allgemein die Glieder ungerader Ordnung in x' oder x (A_o, A_2, A_oA_1, ...), aber auch einige weitere Summanden der Integranden zur Integration keinen Beitrag liefern. An ihrer Stelle erhalten wir:

$$
\begin{aligned}
K^{(1)} &= \qquad K_1^{(1)} + K_3^{(1)} + \dots \\
K^{(2)} &= K_o^{(2)} + K_2^{(2)} + \dots \\
K^{(3)} &= \qquad K_1^{(3)} + K_3^{(3)} + \dots \\
K^{(4)} &= K_o^{(4)} + K_2^{(4)} + \dots \\
&\dots\dots\dots\dots\dots\dots
\end{aligned}
\tag{2.23}
$$

mit

$$K_1^{(1)} = (2r_oB'B)^{-1}\int_{B,B'}[(x'_kx'_k - a'^2_{3k}x'^2_k) + (x_kx_k - a^2_{3k}x^2_k)](dx')(dx) \,, \tag{2.23a}$$

$$K_o^{(2)} = (B'B)^{-1}\int_{B,B'}(a'^2_{3k}x'^2_k + a^2_{3k}x^2_k)(dx')(dx) \,, \tag{2.23b}$$

$$
\begin{aligned}
K_3^{(1)} = (8r_o^3B'B)^{-1}\int_{B,B'}\Big\{ &- 5(- 2a'^4_{3k}x'^4_k + 3a'^2_{3k}a'^2_{3l}x'^2_kx'^2_l + \\
&+ 6a'^2_{3k}x'^2_ka^2_{3l}x^2_l + 3a^2_{3k}a^2_{3l}x^2_kx^2_l - 2a^4_{3k}x^4_k) + \\
&+ 6[(a'^2_{3k}x'^2_k + a^2_{3k}x^2_k)(x'_mx'_m + x_mx_m) + 4a'_{3k}a'_{ik}a_{3l}a_{il}x'^2_kx^2_l] - \\
&- (x'_kx'_kx'_lx'_l + 2x'_kx'_kx_lx_l + 4a'_{ik}a'_{jk}a_{il}a_{jl}x'^2_kx^2_l + \\
&+ x_kx_kx_lx_l)\Big\} (dx')(dx) \,,
\end{aligned}
\tag{2.23c}
$$

$$K_2^{(2)} = - 2r_o\, K_3^{(1)} \,, \tag{2.23d}$$

$$
\begin{aligned}
K_1^{(3)} = 3(2r_oB'B)^{-1}\int_{B,B'}\Big\{ &[(a'^2_{3k}x'^2_k + a^2_{3k}x^2_k)(x'_mx'_m + x_mx_m) + \\
&+ 4a'_{3k}a'_{ik}a_{3l}a_{il}x'^2_kx^2_l] - \\
&- (- 2a'^4_{3k}x'^4_k + 3a'^2_{3k}a'^2_{3l}x'^2_kx'^2_l + 6a'^2_{3k}x'^2_ka^2_{3l}x^2_l + \\
&+ 3a^2_{3k}a^2_{3l}x^2_kx^2_l - 2a^4_{3k}x^4_k)\Big\} (dx')(dx)
\end{aligned}
\tag{2.23e}
$$

und

$$K_o^{(4)} = (B'B)^{-1}\int_{B,B'}(-\ 2a'^4_{3k}x'^4_k + 3a'^2_{3k}a'^2_{3l}x'^2_k x'^2_l + \\ + 6a'^2_{3k}x'^2_k a^2_{3l}x^2_l + 3a^2_{3k}a^2_{3l}x^2_k x^2_l - 2a^4_{3k}x^4_k)(dx')(dx) \ , \tag{2.23f}$$

Zunächst noch eine Bemerkung zur Schreibweise $K_j^{(i)}$: Der obere Index (i) kennzeichnet die Zugehörigkeit des Entwicklungskoeffizienten zur Ableitung, der untere Index j die im Nenner auftretende Potenz von r_o.

Die Beziehung (2.23d) gilt allgemein, auch für unsymmetrische Quellen und Sonden; die Integranden von $K_3^{(1)}$ und $K_2^{(2)}$ erfüllen nämlich identisch die Beziehung

$$-\ 2r_o(A_3/r_o^3) = (2A_oA_2 + A_1^2)/r_o^2 \ , \tag{2.24}$$

welche man durch Einsetzen der Ausdrücke (2.21) überprüfen kann.

Der Integrand von $K_o^{(4)}$ ist gleichzeitig Teilintegrand von $K_1^{(3)}$ und $K_3^{(1)}$.

Die Größen $K_3^{(3)}$ und $K_2^{(4)}$ werden im weiteren explizit nicht gebraucht.

In $K_1^{(1)}$ und $K_o^{(2)}$ treten Diagonalglieder des Trägheitstensors, d.h. planare Trägheitsmomente auf.

Unsere ins Auge gefaßte Korrekturformel lautet nunmehr

$$C_m(r_o) = C(r_o)\left[1 + (K_1^{(1)} + \dots)q^{(1)} + (K_o^{(2)} + \dots)q^{(2)}\right] \ , \tag{2.25a}$$

analog Gl.(2.7),

oder

$$C(r_o) + (K_1^{(1)} + \dots)\frac{dC(r)}{dr}\bigg|_{r=r_o} + (K_o^{(2)} + \dots)\frac{1}{2!}\frac{d^2C(r)}{dr^2}\bigg|_{r=r_o} = C_m(r_o), \tag{2.25b}$$

analog Gl.(2.8).

2.3. Auswertung der Formeln für einige Spezialfälle

Es gilt nun, Gl.(2.25) explizit für verschiedene geometrische Anordnungen zu berechnen. Wir beschränken uns dabei auf die praktisch wichtigen Fälle Kugel, Zylinder und Quader und verwenden nur die Koeffizienten niederster Ordnung in $1/r_o$, $K_1^{(1)}$ und $K_o^{(2)}$; die Koeffizienten höherer Ordnung werden wir später für einige wenige prägnante Fälle heranziehen, um den Anwendungsbereich der (vereinfachten) Korrekturformel (2.25) abschätzen zu können.

Mit

$$I' = (1 - a'^2_{3k})(B')^{-1}\int_{B'} x'^2_k (dx'), \tag{2.26a}$$

$$I = (1 - a^2_{3k})\;(B)^{-1}\int_{B} x^2_k (dx), \tag{2.26b}$$

$$J' = a'^2_{3k}\;(B')^{-1}\int_{B'} x'^2_k (dx'), \tag{2.26c}$$

$$J = a^2_{3k}\;(B)^{-1}\int_{B} x^2_k (dx) \tag{2.26d}$$

werden die Gleichungen (2.25):

$$C_m(r_o) = C(r_o)\left[1 + \underbrace{\left(\frac{I'+I}{2r_o}\right)}_{K_1^{(1)}} q^{(1)} + \underbrace{(J'+J)}_{K_o^{(2)}} q^{(2)}\right] = C(r_o)\cdot K_n \tag{2.27a}$$

und

$$C(r_o) + \underbrace{\left(\frac{I'+I}{2r_o}\right)}_{K_1^{(1)}} \left.\frac{dC(r)}{dr}\right|_{r=r_o} + \underbrace{(J'+J)}_{K_o^{(2)}} \frac{1}{2!} \left.\frac{d^2C(r)}{dr^2}\right|_{r=r_o} = C_m(r_o)\;. \tag{2.27b}$$

Die Korrekturformel der Gestalt (2.27a) und (2.27b) nennen wir im weiteren die Korrekturformel schlechthin. K_n in Gl.(2.27a) ist ein Näherungswert des exakten Korrekturfaktors K nach Gl.(2.4c).

Die Gleichungen (2.26) und (2.27) zeigen, daß wegen der Unabhängigkeit der a'_{3k} (k = 1,2,3) von ϕ' die Korrekturformel nur in θ' und ψ' winkelabhängig ist. Analoges gilt in ungestrichenen Koordinaten. Das ist verständlich; denn ϕ' und ϕ beschreiben ja eine Drehung um die mittelpunktsverbindende u_3-Achse ("Verteilungsachse"), was aber wegen der Trennbarkeit von Quellen- und Sondeneinfluß auf die Korrekturformel keinen Einfluß haben darf.

Ferner ersehen wir aus den Gleichungen (2.26) und (2.27) folgendes: Die Einflüsse der endlichen Größe von Quelle und Sonde können wohl getrennt ermittelt werden, hängen jedoch von deren spezieller Form und Lage ab; bei gleicher Form und Lage werden I' und I bzw. J' und J identisch. Berechnen wir daher I und J für die oben angeführten drei Fälle, so haben wir dadurch alle Kombinationsmöglichkeiten kugel-, zylinder- und quaderförmiger Quellen und Sonden (und ihrer Spezialfälle) erfaßt. Wir brauchen in einem konkret vorliegenden Fall nur die entsprechenden Werte von I' und I, J' und J zu summieren.

Die zur Berechnung von I und J notwendigen Integrationen sind leicht durchzuführen. Die Ergebnisse zeigt Tabelle 2.1.

Diese Tabelle enthält die planaren Trägheitsmomente. Aus Tafeln der polaren und axialen Trägheitsmomente kann man die planaren Trägheitsmomente anderer Körper berechnen.

Tabelle 2.1. Werte von $B^{-1}\int_B x_k^2(dx)$

	Kugel Radius R	Zylinder Radius R Höhe 2H	Quader Abmessungen 2Ax2Bx2C
$B^{-1}\int_B x_1^2(dx)$	$\frac{1}{5}R^2$	$\frac{1}{4}R^2$	$\frac{1}{3}A^2$
$B^{-1}\int_B x_2^2(dx)$			$\frac{1}{3}B^2$
$B^{-1}\int_B x_3^2(dx)$		$\frac{1}{3}H^2$	$\frac{1}{3}C^2$

Setzen wir die Tabellenwerte in Gl.(2.26) ein, so erhalten wir für I und J Ausdrücke, welche die nachstehende Zusammenstellung wiedergibt. Dabei ist:

$$a_{31} = \sin\theta \sin\psi ,$$
$$a_{32} = \sin\theta \cos\psi ,$$
$$a_{33} = \cos\theta .$$

Werte von I und J:

1. Kugel (Radius R):

$$I = \frac{2}{5} R^2, \qquad J = \frac{1}{5} R^2. \tag{2.28}$$

Erwartungsgemäß zeigt sich keine Abhängigkeit von den Eulerwinkeln.

2. Zylinder (Radius R, Höhe 2H):

$$\begin{aligned} I &= \frac{1}{4}(1 + a_{33}^2)R^2 + \frac{1}{3}(1 - a_{33}^2)H^2, \\ J &= \frac{1}{4}(1 - a_{33}^2)R^2 + \frac{1}{3} a_{33}^2 H^2. \end{aligned} \tag{2.29}$$

3. Quader (Abmessungen 2A x 2B x 2C):

$$\begin{aligned} I &= \frac{1}{3}\left[(1 - a_{31}^2)A^2 + (1 - a_{32}^2)B^2 + (1 - a_{33}^2)C^2\right], \\ J &= \frac{1}{3}(a_{31}^2 A^2 + a_{32}^2 B^2 + a_{33}^2 C^2) . \end{aligned} \tag{2.30}$$

Wir spezialisieren nun die obigen Formeln für einige einfache, jedoch praktisch wichtige Fälle und erhalten:

2.1. Zylinder: Radius R, Höhe 2H:

2.1.1. Zylinderachse fällt mit der Verteilungsachse (u_3-Achse im Grundkoordinatensystem, die Verbindungslinie zwischen den Mittelpunkten der Quelle und der Sonde, im folgenden kurz Achse genannt) zusammen ($\theta = 0$):

$$I = \frac{1}{2} R^2, \qquad J = \frac{1}{3} H^2. \tag{2.31}$$

2.1.2. Zylinderachse senkrecht zur Achse ($\theta = \pi/2$):

$$I = \frac{1}{4}R^2 + \frac{1}{3}H^2, \qquad J = \frac{1}{4}R^2. \tag{2.32}$$

2.2. Kreisscheibe: Radius R:

$$I = \frac{1}{4}(1 + a_{33}^2)R^2, \quad J = \frac{1}{4}(1 - a_{33}^2)R^2. \tag{2.33}$$

2.2.1. Fläche senkrecht zur Achse ($\theta = 0$):

$$I = \frac{1}{2}R^2, \qquad J = 0\,. \tag{2.34}$$

2.2.2. Fläche in der Achse ($\theta = \pi/2$):

$$I = \frac{1}{4}R^2, \qquad J = \frac{1}{4}R^2. \tag{2.35}$$

3.1. Würfel: Kantenlänge 2A:

$$I = \frac{2}{3}A^2, \qquad J = \frac{1}{3}A^2. \tag{2.36}$$

Es liegt keine Abhängigkeit von der Winkellage vor.

3.2. Rechteck: Länge 2A, Breite 2B:

3.2.1. Fläche senkrecht zur Achse ($\theta = 0$):

$$I = \frac{1}{3}(A^2 + B^2)\,, \qquad J = 0\,. \tag{2.37}$$

3.2.2. (Abb. 2.3). Fläche in der Achse ($\theta = \pi/2$):

$$\begin{aligned} I &= \frac{1}{3}(A^2\cos^2\psi + B^2\sin^2\psi)\,, \\ J &= \frac{1}{3}(A^2\sin^2\psi + B^2\cos^2\psi)\,, \end{aligned} \tag{2.38}$$

$$\psi = 0: \qquad I = \frac{1}{3}A^2, \qquad J = \frac{1}{3}B^2, \tag{2.39}$$

$$\psi = \pi/4: \qquad I = \frac{1}{6}(A^2 + B^2)\,, \qquad J = \frac{1}{6}(A^2 + B^2)\,, \tag{2.40}$$

$$\psi = \pi/2: \qquad I = \frac{1}{3}B^2, \qquad J = \frac{1}{3}A^2, \tag{2.41}$$

Quadrat: Seitenlänge 2A:

$$I = \frac{1}{3}A^2, \qquad J = \frac{1}{3}A^2. \tag{2.42}$$

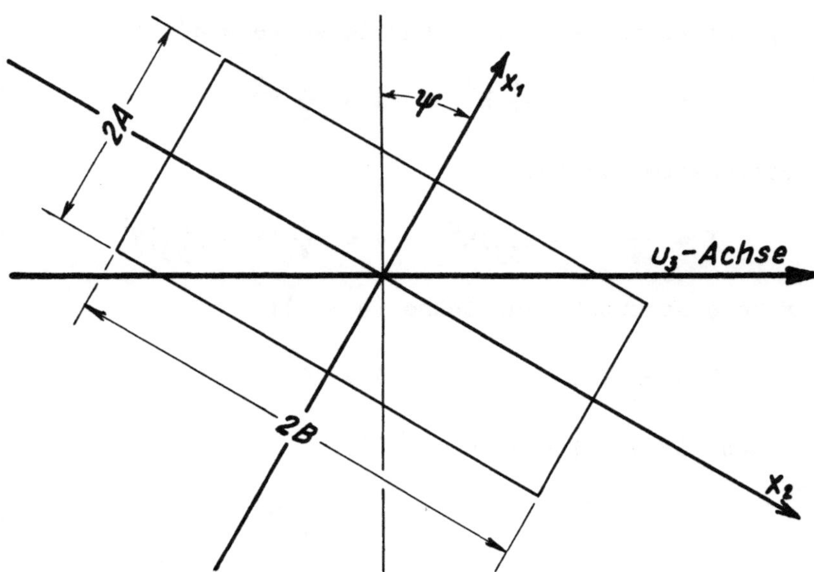

Abb. 2.3. Lage des Koordinatensystems X im Fall 3.2.2.

2.4. Anwendungsbeispiele

Wir bringen nun zwei Beispiele zur Veranschaulichung der obigen Ausführungen:

2.4.1. Betrachten wir eine auf theoretischem Weg erhaltene Verteilung C(r), die unter der Annahme eines punktförmigen Felderregers gelten soll: Wir fragen nach einer Abschätzung für die Verteilung $C_m(r)$, in die C(r) übergeht, wenn der Felderreger räumlich ausgedehnt ist. In diesem Fall können wir die Gl.(2.27a) schreiben:

$$C_m(r) = C(r) \left\{1 + K_1^{(1)} q^{(1)} + K_0^{(2)} q^{(2)}\right\} . \qquad (2.43)$$

Um eine Punktquelle thermischer Neutronen (Quellenstärke Q) in einem Diffusionsmedium (Diffusionskoeffizient D, Diffusionslänge L) hat die Flußdichte C(r) den Verlauf:

$$C(r) = \frac{Q}{4\pi D} \frac{e^{-r/L}}{r} . \qquad (2.44)$$

Wir erhalten auf unsere Fragestellung:

$$C_m(r) = C(r)\left[1 - K_1^{(1)}\left(\frac{1}{L}+\frac{1}{r}\right) + K_o^{(2)}\left(\frac{1}{2L^2}+\frac{1}{Lr}+\frac{1}{r^2}\right)\right], \quad (2.45)$$

wobei stets $K_1^{(1)} \sim 1/r$.

Diese Abschätzung wird benötigt, wenn z.B. die Diffusionslänge L mit einer Sb-Be-Photoneutronenquelle gemessen werden soll /11,12/.

Die Flußdichte C(r) thermischer Neutronen um eine Punktquelle schneller Neutronen in einem Streumedium (Neutronenalter τ_{th}) verläuft nach der Zweigruppentheorie der Neutronenphysik folgendermaßen:

$$C(r) = \frac{QL^2}{4\pi D(L^2 - \tau_{th})} \; \frac{e^{-r/L} - e^{-r/\sqrt{\tau_{th}}}}{r}. \quad (2.46)$$

Ist die Quelle räumlich ausgedehnt, so gilt näherungsweise

$$C_m(r) = C(r)\left\{1 - K_1^{(1)}\left[\frac{\frac{1}{L}\,e^{-r/L} - \frac{1}{\sqrt{\tau_{th}}}\,e^{-r/\sqrt{\tau_{th}}}}{e^{-r/L} - e^{-r/\sqrt{\tau_{th}}}} + \frac{1}{r}\right] + \right.$$

$$\left. + K_o^{(2)}\left[\frac{\left(\frac{1}{2L^2}+\frac{1}{Lr}\right)e^{-r/L} - \left(\frac{1}{2\tau_{th}}+\frac{1}{\sqrt{\tau_{th}}\,r}\right)e^{-r/\sqrt{\tau_{th}}}}{e^{-r/L} - e^{-r/\sqrt{\tau_{th}}}} + \frac{1}{r^2}\right]\right\}, \quad (2.47)$$

$K_1^{(1)} \sim 1/r$.

Radioaktive Neutronenquellen (Ra-Be, Pu-Be, Am-Be und andere) haben gewöhnlich Kugel- oder Zylindergestalt. Wird nur die örtliche Verteilung des Neutronenflusses betrachtet, also kein Bezug auf Sonden genommen, so kann man leicht die Sondenparameter in $K_1^{(1)}$ und $K_o^{(2)}$ weglassen.

2.4.2. Das Feld einer zylindrischen Neutronenquelle der Höhe 2H', Radius R' werde mit einer kreisförmigen Sonde des Radius R ausgemessen. Zylinderachse und Sondenebene sollen normal zur Verteilungsachse liegen. Wie lautet die dafür gültige Korrekturformel? Mit $I' = R'^2/4 + H'^2/3$, $J' = R'^2/4$ gemäß Gl.(2.32) und $I = R^2/2$, $J = 0$ gemäß Gl.(2.34) folgt aus Gl.(2.27b)

$$C(r_o) + \frac{3R'^2+4H'^2+6R^2}{24r_o} \left.\frac{dC(r)}{dr}\right|_{r=r_o} + \frac{R^2}{2}\frac{1}{2!}\left.\frac{d^2C(r)}{dr2}\right|_{r=r_o} = C_m(r_o) \; . \tag{2.48}$$

2.5. Werte der Korrekturkoeffizienten $K_1^{(1)}$ und $K_o^{(2)}$ einiger geometrischer Anordnungen

Die nachstehende Tabelle 2.2 zeigt die Werte der Koeffizienten $K_1^{(1)}$ und $K_o^{(2)}$ in den Gleichungen (2.27) für 18 verschiedene geometrische Anordnungen von Quelle und Sonde. Die ersten 4 Fälle umfassen jene Flächenanordnungen, die in der Literatur /4-8/ beschrieben werden. Es ist jedoch zu beachten, daß ein Druckfehler in /4/, S.28, Gleichung (8) in /5/, S.18, 2.Korrekturformel, in /6/, S.91, Gleichung (2.95) und in /7/, S.65, Gleichungen (3.10) und (3.10a) mitübernommen wurde; vergleiche demgegenüber in der Tabelle 2.2 Fall 3 bzw. 4.

Tabelle 2.2. Werte von $K_1^{(1)}$ und $K_0^{(2)}$ für verschiedene geometrische Anordnungen von Quelle und Sonde

	Quelle – Sonde	Koeffizient $K_1^{(1)}$	Koeffizient $K_0^{(2)}$
1	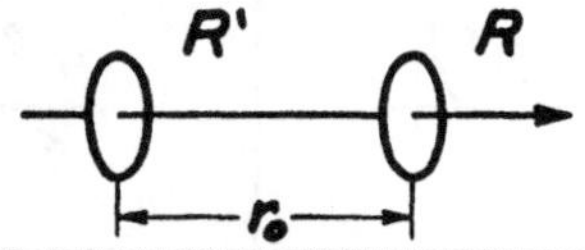 R' R r_0	$\frac{R'^2+R^2}{4r_0}$	0
2	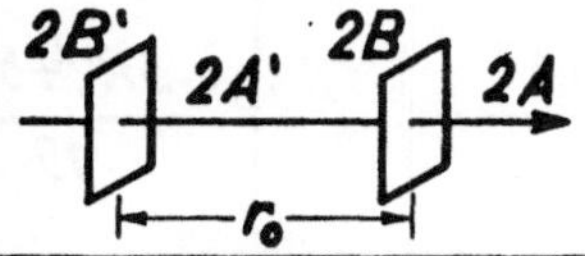 2B' 2A' 2B 2A r_0	$\frac{A'^2+B'^2+A^2+B^2}{6r_0}$	0
3	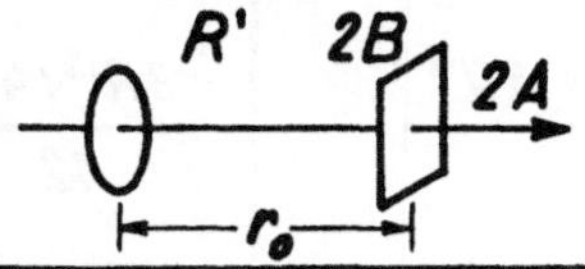 R' 2B 2A r_0	$\frac{3R'^2+2(A^2+B^2)}{12r_0}$	0
4	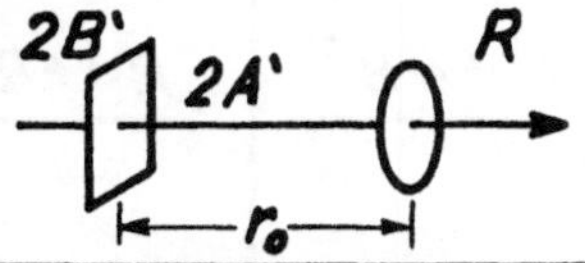 2B' 2A' R r_0	$\frac{2(A'^2+B'^2)+3R^2}{12r_0}$	0
5	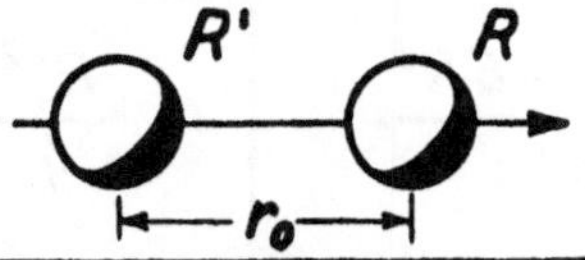 R' R r_0	$\frac{R'^2+R^2}{5r_0}$	$\frac{R'^2+R^2}{5}$
6	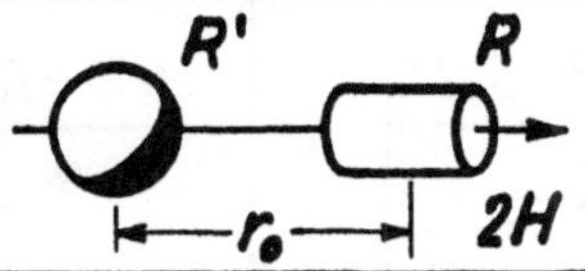 R' R r_0 2H	$\frac{4R'^2+5R^2}{20r_0}$	$\frac{3R'^2+5H^2}{15}$
7	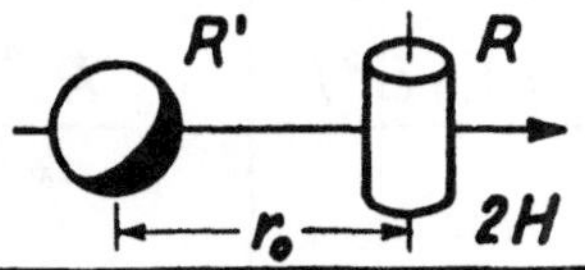 R' R r_0 2H	$\frac{24R'^2+15R^2+20H^2}{120r_0}$	$\frac{4R'^2+5R^2}{20}$
8	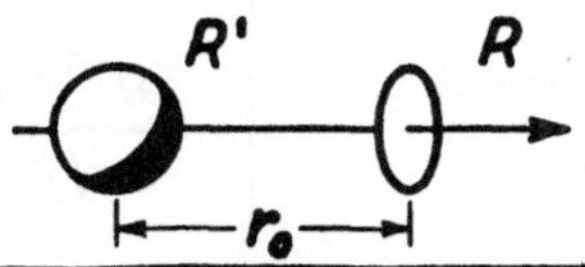 R' R r_0	$\frac{4R'^2+5R^2}{20r_0}$	$\frac{R'^2}{5}$
9	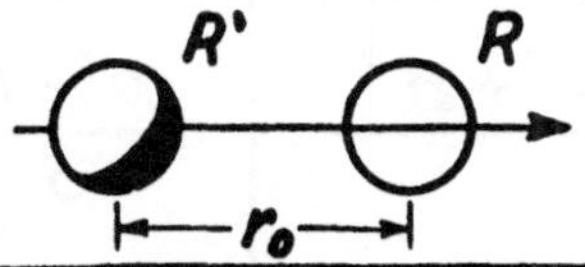 R' R r_0	$\frac{8R'^2+5R^2}{40r_0}$	$\frac{4R'^2+5R^2}{20}$

Tabelle 2.2 (Fortsetzung). Werte von $K_1^{(1)}$ und $K_0^{(2)}$ für verschiedene geometrische Anordnungen von Quelle und Sonde

	Quelle — Sonde	Koeffizient $K_1^{(1)}$	Koeffizient $K_0^{(2)}$
10	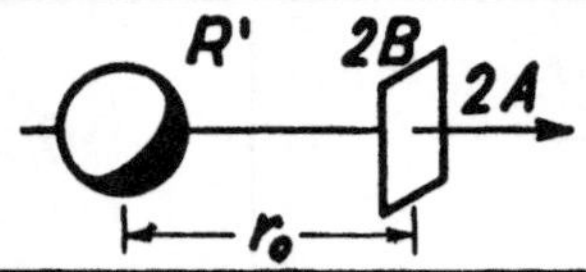 R' 2B 2A r_0	$\frac{6R'^2+5(A^2+B^2)}{30r_0}$	$\frac{R'^2}{5}$
11	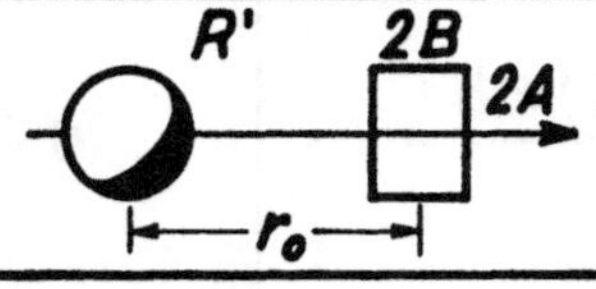 R' 2B 2A r_0	$\frac{6R'^2+5A^2}{30r_0}$	$\frac{3R'^2+5B^2}{15}$
12	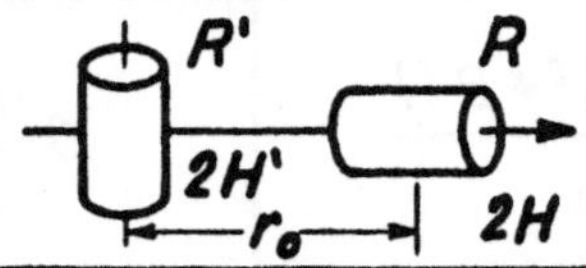 R' R 2H' 2H r_0	$\frac{3R'^2+4H'^2+6R^2}{24r_0}$	$\frac{3R'^2+4H^2}{12}$
13	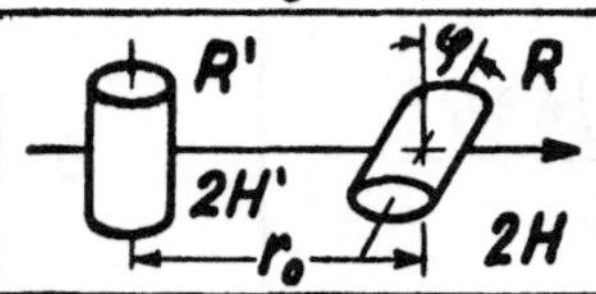 R' φ R 2H' 2H r_0	$\frac{3R'^2+4H'^2+3R^2+4H^2}{24r_0}$	$\frac{R'^2+R^2}{4}$
14	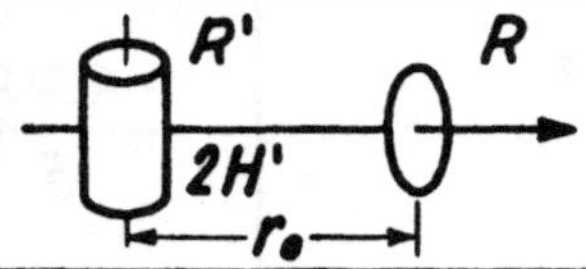 R' R 2H' r_0	$\frac{3R'^2+4H'^2+6R^2}{24r_0}$	$\frac{R'^2}{4}$
15	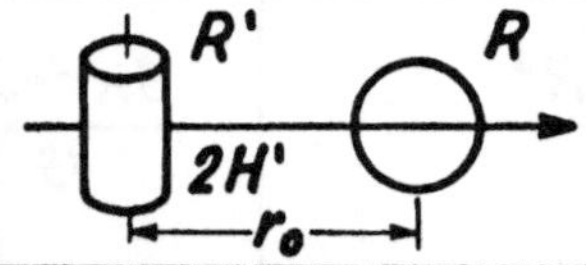 R' R 2H' r_0	$\frac{3R'^2+4H'^2+6R^2}{24r_0}$	$\frac{R'^2+R^2}{4}$
16	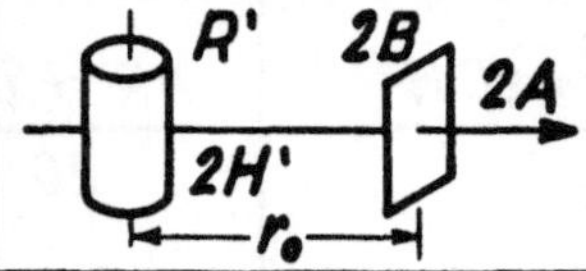 R' 2B 2A 2H' r_0	$\frac{3R'^2+4H'^2+4(A^2+B^2)}{24r_0}$	$\frac{R'^2}{4}$
17	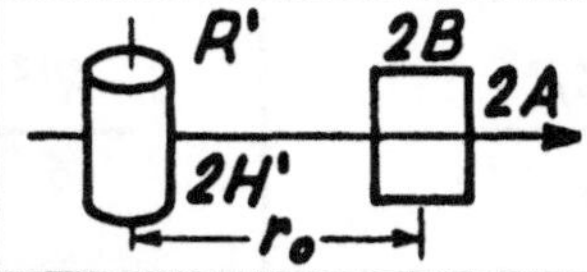 R' 2B 2A 2H' r_0	$\frac{3R'^2+4H'^2+4A^2}{24r_0}$	$\frac{3R'^2+4B^2}{12}$
18	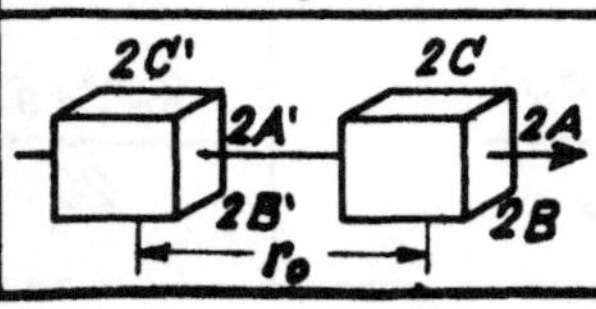 2C' 2C 2A' 2A 2B' 2B r_0	$\frac{A'^2+B'^2+A^2+B^2}{6r_0}$	$\frac{C'^2+C^2}{3}$

3. Fehlerabschätzung der Korrekturformel

3.1. Allgemeines

Wie wir in Abschnitt 2.1 feststellten, ist die abgeleitete Korrekturformel prinzipiell nur anwendbar, wenn der Mittelpunktsabstand r_o größer als ein Grenzwert r_{og} ist.
r_{og} hängt von der speziellen geometrischen Anordnung ab und ergibt sich aus der Grenzbedingung $r_{max}/r_o = \sqrt{2}$. Dabei ist r_{max} der größtmögliche Abstand, den ein Quellenpunkt von einem Sondenpunkt bei vorgegebenem r_o annehmen kann.
Innerhalb des Gültigkeitsbereiches ist die Korrekturformel für verschiedene Mittelpunktsabstände r_o unterschiedlich genau; ihre Genauigkeit nimmt - dem Charakter der Reihenentwicklung nach Potenzen von $1/r_o$ entsprechend - mit wachsendem Abstand zu.

Wir schätzen nun im folgenden den Entwicklungsfehler ab und knüpfen die Überlegungen an jene von Abschnitt 2.4.1. Wiederum betrachten wir eine bekannte Verteilung $C(r)$, die unter der Annahme eines punktförmigen Felderregers gelten soll, und fragen nach der Größe $C_m(r_o)$. Die Beziehung dieser beiden Größen wird durch die Gleichungen (2.4c), (2.4d) und (2.23) exakt, durch die Korrekturformel (2.27a) näherungsweise beschrieben.

Für die weitere Betrachtung beschränken wir uns auf jene Menge von Korrelationsfunktionen $C(r)$, für die alle Quotienten $q^{(k)} = (k!)^{-1}\{d^kC(r)/dr^k\}\big|_{r=r_o}/C(r_o)$, Gl.(2.4d), durch Potenzreihen in $1/r_o$ darstellbar sind. In der Schreibweise von Abschnitt 2.2 soll also gelten:

$$q^{(k)} = q_o^{(k)} + q_1^{(k)} + q_2^{(k)} + \dots \qquad \text{für } k = 1,2,3,\dots; \qquad (3.1)$$

der Grenzwert von $q^{(k)}$ für $r_o \to \infty$ existiert für alle k und ist durch den ersten Summanden $q_o^{(k)}$ gegeben:

$$\lim_{r_o \to \infty} q^{(k)} = q_o^{(k)} \qquad \text{für } k = 1,2,3,\dots. \qquad (3.2)$$

Wir setzen die Gleichungen (3.1) und (2.23) in Gl.(2.4c) ein, ordnen nach steigenden Potenzen von $1/r_o$ und erhalten schrittweise:

$$
\begin{aligned}
C_m(r_o) = C(r_o) \cdot \Big\{ & \underline{1} + \\
&+(\underline{K_1^{(1)}} + \underline{K_3^{(1)}} + K_5^{(1)} + \ldots)(\underline{q_o^{(1)}+q_1^{(1)}+q_2^{(1)}+q_3^{(1)}+q_4^{(1)}+q_5^{(1)}}+\ldots)+ \\
&+(\underline{K_o^{(2)}} + \underline{K_2^{(2)}} + K_4^{(2)} + \ldots)(\underline{q_o^{(2)}+q_1^{(2)}+q_2^{(2)}+q_3^{(2)}+q_4^{(2)}+q_5^{(2)}}+\ldots)+ \\
&+(\underline{K_1^{(3)}} + K_3^{(3)} + K_5^{(3)} + \ldots)(\underline{q_o^{(3)}+q_1^{(3)}+q_2^{(3)}+q_3^{(3)}+q_4^{(3)}+q_5^{(3)}}+\ldots)+ \\
&+(\underline{K_o^{(4)}} + K_2^{(4)} + K_4^{(4)} + \ldots)(\underline{q_o^{(4)}+q_1^{(4)}+q_2^{(4)}+q_3^{(4)}+q_4^{(4)}+q_5^{(4)}}+\ldots)+ \\
&+(K_1^{(5)} + K_3^{(5)} + K_5^{(5)} + \ldots)(q_o^{(5)}+q_1^{(5)}+q_2^{(5)}+q_3^{(5)}+q_4^{(5)}+q_5^{(5)}+\ldots)+ \\
&+ \ldots\ldots\ldots\ldots \Big\}
\end{aligned}
\tag{3.3}
$$

und

$$C_m(r_o) = C(r_o) \cdot \Big\{ 1 + B_o + B_1 + B_2 + B_3 + B_4 + B_5 + \ldots \Big\} \tag{3.4}$$

mit

$$
\begin{aligned}
B_o = \; & \underline{K_o^{(2)} q_o^{(2)}} + \underline{K_o^{(4)} q_o^{(4)}} + \ldots + \\
&+ 0 + \\
&+ 0 \,,
\end{aligned}
\tag{3.4a}
$$

$$
\begin{aligned}
B_1 = \; & \underline{K_1^{(1)} q_o^{(1)}} + \underline{K_o^{(2)} q_1^{(2)}} + \underline{K_1^{(3)} q_o^{(3)}} + \underline{K_o^{(4)} q_1^{(4)}} + K_1^{(5)} q_o^{(5)} + \ldots + \\
&+ 0 + \\
&+ 0 \,,
\end{aligned}
\tag{3.4b}
$$

$$
\begin{aligned}
B_2 = \; & \underline{K_2^{(2)} q_o^{(2)}} + \underline{K_1^{(3)} q_1^{(3)}} + K_2^{(4)} q_o^{(4)} + \underline{K_o^{(4)} q_2^{(4)}} + K_1^{(5)} q_1^{(5)} + \ldots + \\
&+ \underline{K_1^{(1)} q_1^{(1)}} + \underline{K_o^{(2)} q_2^{(2)}} + \\
&+ 0 \,,
\end{aligned}
\tag{3.4c}
$$

$$
\begin{aligned}
B_3 = \; & \underline{K_3^{(1)}}\,\underline{q_o^{(1)}} + \underline{K_2^{(2)}}\,\underline{q_1^{(2)}} + K_3^{(3)} q_o^{(3)} + \underline{K_1^{(3)}}\,\underline{q_2^{(3)}} + K_2^{(4)} q_1^{(4)} + \\
& \quad + \underline{K_o^{(4)}}\,\underline{q_3^{(4)}} + K_3^{(5)} q_o^{(5)} + K_1^{(5)} q_2^{(5)} + \ldots + \\
& + 0 + \\
& + \underline{K_1^{(1)} q_2^{(1)}} + \underline{K_o^{(2)} q_3^{(2)}} ,
\end{aligned}
\tag{3.4d}
$$

$$
\begin{aligned}
B_4 = \; & K_4^{(2)} q_o^{(2)} + K_3^{(3)} q_1^{(3)} + K_4^{(4)} q_o^{(4)} + K_2^{(4)} q_2^{(4)} + K_3^{(5)} q_1^{(5)} + \\
& \quad + K_1^{(5)} q_3^{(5)} + \ldots + \\
& + \underline{K_3^{(1)}}\,\underline{q_1^{(1)}} + \underline{K_2^{(2)}}\,\underline{q_2^{(2)}} + \underline{K_1^{(3)}}\,\underline{q_3^{(3)}} + \underline{K_o^{(4)}}\,\underline{q_4^{(4)}} + \\
& + \underline{K_1^{(1)} q_3^{(1)}} + \underline{K_o^{(2)} q_4^{(2)}} ,
\end{aligned}
\tag{3.4e}
$$

$$
\begin{aligned}
B_5 = \; & K_5^{(1)} q_o^{(1)} + K_4^{(2)} q_1^{(2)} + K_5^{(3)} q_o^{(3)} + K_3^{(3)} q_2^{(3)} + K_4^{(4)} q_1^{(4)} + \\
& \quad + K_2^{(4)} q_3^{(4)} + K_5^{(5)} q_o^{(5)} + K_3^{(5)} q_2^{(5)} + K_1^{(5)} q_4^{(5)} + \ldots + \\
& + 0 + \\
& + \underline{K_3^{(1)}}\,\underline{q_2^{(1)}} + \underline{K_1^{(1)} q_4^{(1)}} + \underline{K_2^{(2)}}\,\underline{q_3^{(2)}} + \underline{K_o^{(2)} q_5^{(2)}} + \underline{K_1^{(3)}}\,\underline{q_4^{(3)}} + \underline{K_o^{(4)}}\,\underline{q_5^{(4)}} .
\end{aligned}
\tag{3.4f}
$$

Die Summanden der Entwicklungsglieder B_i wurden jeweils dreizeilig angeschrieben und sind nach folgendem Gesichtspunkt geordnet: Die erste Zeile enthält nur Elemente $q_j^{(i)}$, die links der Diagonale (i>j), die dritte Zeile nur jene, die rechts der Diagonale stehen (i<j). Die zweite Zeile umfaßt die Diagonalglieder (i=j).

Die Korrekturformel (2.27a) berücksichtigt die unterstrichenen Ausdrücke in den Gleichungen (3.3) und (3.4); die durch strichlierte Linien gekennzeichneten Größen beziehen sich auf die Glieder höherer Ordnung $K_3^{(1)}$, $K_2^{(2)}$, $K_1^{(3)}$ und $K_o^{(4)}$.

3.2. Fehlerabschätzung für eine Teilmenge von Korrelationsfunktionen C(r)

In diesem Abschnitt betrachten wir jene Teilmenge von Korrelationsfunktionen C(r), für welche die Entwicklungen der Quotienten $q^{(k)}$, Gl.(3.1), erst mit dem k-ten Glied beginnen:

$$q_j^{(i)} \equiv 0 \qquad \text{für } i > j \,. \tag{3.5}$$

Funktionen dieser Art sind beispielsweise alle endlichen Laurentreihen, denn für

$$C(r) = \sum_{\nu=m}^{n} a_\nu r^\nu = a_m r^m + \ldots + a_{-2} r^{-2} + a_{-1} r^{-1} + a_o + a_1 r^1 + a_2 r^2 + \ldots + a_n r^n$$

$$(m,n \text{ ganze Zahlen}) \tag{3.6}$$

sind die Quotienten $q^{(k)} = (k!)^{-1}\{d^k C(r)/dr^k\}|_{r=r_o}/C(r_o)$ durch

$$q^{(k)} = r_o^{-k} \frac{\sum_{\nu=m}^{n} a_\nu \binom{\nu}{k} r_o^\nu}{\sum_{\nu=m}^{n} a_\nu r_o^\nu} = \underbrace{\binom{n}{k} r_o^{-k}}_{q_k^{(k)}} + q_{k+1}^{(k)} + q_{k+2}^{(k)} + \ldots \tag{3.7}$$

gegeben.

Welche Folgerungen können wir aus der Eigenschaft dieser Funktionen ziehen?

Zunächst verschwinden alle ersten Zeilen der Gleichungen (3.4) identisch; für die Ausdrücke B_i sind jeweils nur die zweite und dritte Zeile von Bedeutung. Die Korrekturformel stimmt mit der Reihenentwicklung nach Potenzen von $1/r_o$, Gl.(3.4), bis zur dritten Ordnung überein. Die darin auftretenden Größen $K_o^{(2)} q_2^{(2)}$ und $K_o^{(2)} q_3^{(2)}$ sind mit der zweiten Ableitung der Korrelationsfunktion verknüpft und rechtfertigen die spezielle Wahl der Korrekturformel nach Gl.(2.6).

Bei Hinzunahme der Entwicklungsglieder höherer Ordnung $K_3^{(1)}$, $K_2^{(2)}$, $K_1^{(3)}$ und $K_o^{(4)}$ (und der dritten und vierten Ableitung der Korrelationsfunktion) ergibt sich sogar eine Übereinstimmung bis zur fünften Ordnung in $1/r_o$.

Durch die Anwendung der Korrekturformel (2.27a) wird der berechnete Korrekturfaktor $K_n = C_m(r_o)/C(r_o)$ fehlerbehaftet. Der absolute Fehler F_a läßt sich mit Hilfe der Gleichungen (3.4) abschätzen; er ist im wesentlichen durch

$$F_{an} = K_3^{(1)}q_1^{(1)} + K_2^{(2)}q_2^{(2)} + K_1^{(3)}q_3^{(3)} + K_o^{(4)}q_4^{(4)} \qquad (3.8)$$

gegeben.

Für den relativen Fehler F_r (die Genauigkeit der Korrekturformel) erhalten wir näherungsweise

$$F_{rn} = \frac{K_3^{(1)}q_1^{(1)} + K_2^{(2)}q_2^{(2)} + K_1^{(3)}q_3^{(3)} + K_o^{(4)}q_4^{(4)}}{1 + K_1^{(1)}q_1^{(1)} + K_o^{(2)}q_2^{(2)} + K_1^{(1)}q_2^{(1)} + K_o^{(2)}q_3^{(2)}} . \qquad (3.9)$$

Wir untersuchen nun das Verhalten von $C_m(r_o)$ für große Entfernungen r_o. Wegen der Voraussetzung (3.5) verschwindet B_o in Gl.(3.4) und $C_m(r_o)$ geht für $r_o \rightarrow \infty$ asymptotisch in $C(r_o)$ über:

$$C_m(r_o) \underset{r_o \rightarrow \infty}{\Longrightarrow} C(r_o) \; ; \qquad (3.10)$$

d.h. in diesem Fall ist der Einfluß der endlichen Ausdehnung von Quelle und Sonde vernachlässigbar, wenn nur der Mittelpunktsabstand r_o hinreichend groß ist.

3.3. Spezialisierung auf Korrelationsfunktionen $C(r) = a_n r^n$

Eine Teilmenge der in Abschnitt 3.2 behandelten Funktionen ist dadurch gekennzeichnet, daß die Quotienten $q^{(k)}$, Gl.(3.1), ausschließlich durch das k-te Glied dargestellt werden; es gilt also

$$q^{(k)} = q_k^{(k)}. \qquad (3.11)$$

Besteht etwa die Laurentreihe (3.6) nur aus einem einzigen Glied,

$$C(r) = a_n r^n \qquad \text{(n ganze Zahl)}, \qquad (3.12)$$

so bricht die Reihe (3.7) nach dem k-ten Glied ab und wir erhalten für $q^{(k)}$:

$$q^{(k)} = q_k^{(k)} = \binom{n}{k} r_o^{-k} \qquad (k = 1,2,3,\ldots). \tag{3.13}$$

Wegen der Eigenschaft $q_j^{(i)} \equiv 0$ für $i < j$ verschwinden für diese Korrelationsfunktionen auch die dritten Zeilen der Gleichungen (3.4); $C_m(r_o)$ lautet nunmehr

$$C_m(r_o) = C(r_o) \cdot \Big\{ \underbrace{\underline{1} + \underline{K_1^{(1)} q_1^{(1)}} + \underline{K_o^{(2)} q_2^{(2)}}}_{K_n} + \underbrace{\underline{K_3^{(1)}} \underline{q_1^{(1)}} + \underline{K_2^{(2)}} \underline{q_2^{(2)}} + \underline{K_1^{(3)}} \underline{q_3^{(3)}} + \underline{K_o^{(4)}} \underline{q_4^{(4)}}}_{F_{an}} + \ldots \Big\}. \tag{3.14}$$

Der absolute Fehler F_{an} stimmt mit Gl.(3.8) überein

$$F_{an} = K_3^{(1)} q_1^{(1)} + K_2^{(2)} q_2^{(2)} + K_1^{(3)} q_3^{(3)} + K_o^{(4)} q_4^{(4)}; \tag{3.15}$$

der relative Fehler F_{rn} vereinfacht sich zu

$$F_{rn} = \frac{K_3^{(1)} q_1^{(1)} + K_2^{(2)} q_2^{(2)} + K_1^{(3)} q_3^{(3)} + K_o^{(4)} q_4^{(4)}}{1 + K_1^{(1)} q_1^{(1)} + K_o^{(2)} q_2^{(2)}} . \tag{3.16}$$

Für die Korrelationsfunktionen $C(r) = a_n r^n$ ist nach Gl.(3.13)

$$q_1^{(1)} = \binom{n}{1} r_o^{-1} , \tag{3.17a}$$

$$q_2^{(2)} = \binom{n}{2} r_o^{-2} , \tag{3.17b}$$

$$q_3^{(3)} = \binom{n}{3} r_o^{-3} , \tag{3.17c}$$

$$q_4^{(4)} = \binom{n}{4} r_o^{-4} \tag{3.17d}$$

einzusetzen.

3.4. Die Entwicklungskoeffizienten $K_3^{(1)}$, $K_2^{(2)}$, $K_1^{(3)}$ und $K_o^{(4)}$

In diesem Abschnitt richten wir unser Interesse auf die Ausdrücke höherer Ordnung $K_3^{(1)}$, $K_2^{(2)}$, $K_1^{(3)}$ und $K_o^{(4)}$, welche durch die Gleichungen (2.23c - 2.23f) gegeben sind. Wie diese zeigen, lassen sich hier Quellen- und Sondeneinfluß nicht mehr voneinander trennen; es kommt auf die bestimmte Kombination der Quellen- und Sondenform an. Quelle und Sonde werden dabei nicht wesentlich unterschieden, d.h. die Ergebnisse sind auch bei vertauschten Quellen- und Sondenformen anwendbar, wenn man nur gestrichene und ungestrichene Koordinaten vertauscht; $\{dC(r)/dr\}|_{r=r_o}$ und $\{d^2C(r)/dr^2\}|_{r=r_o}$ sind jedoch stets die Werte der Ableitungen am Ort der Sonde.
Die Entwicklungskoeffizienten enthalten zusätzlich Integrale der Form $B^{-1}\int_B x_k^2 x_l^2 (dx)$ $(k,l = 1,2,3)$, deren Werte für Kugel, Zylinder und Quader in der Tabelle 3.1 zusammengestellt sind.

Tabelle 3.1. Werte von $B^{-1}\int_B x_k^2 x_l^2 (dx)$

<table>
<tr><th></th><th>Kugel
Radius R</th><th>Zylinder
Radius R
Höhe 2H</th><th>Quader
Abmessungen
2Ax2Bx2C</th></tr>
<tr><td>$B^{-1}\int_B x_1^2 x_2^2 (dx)$</td><td rowspan="3">$\frac{1}{35} R^4$</td><td>$\frac{1}{24} R^4$</td><td>$\frac{1}{9} A^2B^2$</td></tr>
<tr><td>$B^{-1}\int_B x_1^2 x_3^2 (dx)$</td><td rowspan="2">$\frac{1}{12} R^2H^2$</td><td>$\frac{1}{9} A^2C^2$</td></tr>
<tr><td>$B^{-1}\int_B x_2^2 x_3^2 (dx)$</td><td>$\frac{1}{9} B^2C^2$</td></tr>
<tr><td>$B^{-1}\int_B x_1^4 (dx)$</td><td rowspan="3">$\frac{3}{35} R^4$</td><td rowspan="2">$\frac{1}{8} R^4$</td><td>$\frac{1}{5} A^4$</td></tr>
<tr><td>$B^{-1}\int_B x_2^4 (dx)$</td><td>$\frac{1}{5} B^4$</td></tr>
<tr><td>$B^{-1}\int_B x_3^4 (dx)$</td><td>$\frac{1}{5} H^4$</td><td>$\frac{1}{5} C^4$</td></tr>
</table>

Wir beschränken uns im folgenden auf die drei Kombinationen von Kugel und Zylinder und auf jene spezielle Anordnung von quaderförmiger Quelle und Sonde, bei der die Kanten parallel zum Grundkoordinatensystem liegen.

Das Einsetzen der Werte der Tabelle 3.1 und der planaren Trägheitsmomente nach Tabelle 2.1 in die Gleichungen (2.23c - 2.23f) ist langwierig; unter Beachtung der Orthogonalitätsrelationen (2.16) liefert die Rechnung nachstehende Ergebnisse:

3.4.1. Kugel-Kugel:

$$K_3^{(1)} = 0 , \tag{3.18}$$

$$K_2^{(2)} = -2r_o K_3^{(1)} = 0 , \tag{3.19}$$

$$K_1^{(3)} = \frac{3}{175 r_o} (5R'^4 + 14R'^2R^2 + 5R^4) , \tag{3.20}$$

$$K_o^{(4)} = \frac{3}{175} (5R'^4 + 14R'^2R^2 + 5R^4) . \tag{3.21}$$

3.4.2. Kugel-Zylinder:

$$\begin{aligned} K_3^{(1)} = \frac{1}{8r_o^3} \Big[& \frac{1}{5} R'^2R^2 (1 - 3a_{33}^2) + \\ & + \frac{4}{15} R'^2H^2 (-1 + 3a_{33}^2) + \\ & + \frac{1}{24} R^4 (1 + 6a_{33}^2 - 15a_{33}^4) + \\ & + \frac{1}{6} R^2H^2 (1 - 12a_{33}^2 + 15a_{33}^4) + \\ & + \frac{1}{5} H^4 (-1 + 6a_{33}^2 - 5a_{33}^4) \Big] , \end{aligned} \tag{3.22}$$

$$K_2^{(2)} = -2r_o K_3^{(1)} , \tag{3.23}$$

$$K_1^{(3)} = \frac{3}{2r_o} \left[\frac{2}{35} R'^4 + \right.$$
$$+ \frac{1}{20} R'^2 R^2 (3 - a_{33}^2) +$$
$$+ \frac{1}{15} R'^2 H^2 (1 + a_{33}^2) +$$
$$+ \frac{1}{24} R^4 (1 + 2a_{33}^2 - 3a_{33}^4) +$$
$$+ \frac{1}{12} R^2 H^2 (1 - 5a_{33}^2 + 6a_{33}^4) +$$
$$\left. + \frac{1}{5} H^4 (a_{33}^2 - a_{33}^4) \right] , \qquad (3.24)$$

$$K_o^{(4)} = \frac{3}{35} R'^4 +$$
$$+ \frac{3}{10} R'^2 R^2 (1 - a_{33}^2) +$$
$$+ \frac{2}{5} R'^2 H^2 a_{33}^2 +$$
$$+ \frac{1}{8} R^4 (1 - 2a_{33}^2 + a_{33}^4) +$$
$$+ \frac{1}{2} R^2 H^2 (a_{33}^2 - a_{33}^4) +$$
$$+ \frac{1}{5} H^4 a_{33}^4 . \qquad (3.25)$$

<u>3.4.3. Zylinder-Zylinder:</u>

$$K_3^{(1)} = \frac{1}{8r_o^3} \left[\frac{1}{24} R'^4 (1 + 6a'^2_{33} - 15a'^4_{33}) + \right.$$
$$+ \frac{1}{6} R'^2 H'^2 (1 - 12a'^2_{33} + 15a'^4_{33}) +$$
$$+ \frac{1}{5} H'^4 (-1 + 6a'^2_{33} - 5a'^4_{33}) +$$

$$+\frac{1}{8}R'^2R^2\,(3-3a'^2_{33}-3a^2_{33}-15a'^2_{33}a^2_{33}-2a'_{i3}a'_{j3}a_{i3}a_{j3}+12a'_{33}a'_{i3}a_{33}a_{i3})\;+$$

$$+\frac{1}{6}R'^2H^2\,(-1-3a'^2_{33}+3a^2_{33}+15a'^2_{33}a^2_{33}+2a'_{i3}a'_{j3}a_{i3}a_{j3}-12a'_{33}a'_{i3}a_{33}a_{i3})\;+$$

$$+\frac{1}{6}H'^2R^2\,(-1+3a'^2_{33}-3a^2_{33}+15a'^2_{33}a^2_{33}+2a'_{i3}a'_{j3}a_{i3}a_{j3}-12a'_{33}a'_{i3}a_{33}a_{i3})\;+$$

$$+\frac{2}{9}H'^2H^2\,(-1+3a'^2_{33}+3a^2_{33}-15a'^2_{33}a^2_{33}-2a'_{i3}a'_{j3}a_{i3}a_{j3}+12a'_{33}a'_{i3}a_{33}a_{i3})\;+$$

$$+\frac{1}{24}R^4\,(1+6a^2_{33}-15a^4_{33})\;+$$

$$+\frac{1}{6}R^2H^2\,(1-12a^2_{33}+15a^4_{33})\;+$$

$$+\frac{1}{5}H^4\,(-1+6a^2_{33}-5a^4_{33})\Big]\;, \tag{3.26}$$

$$K_2^{(2)} = -\,2r_o\,K_3^{(1)}\;, \tag{3.27}$$

$$K_1^{(3)} = \frac{3}{2r_o}\,\Big[\frac{1}{24}R'^4\,(1+2a'^2_{33}-3a'^4_{33})\;+$$

$$+\frac{1}{12}R'^2H'^2\,(1-5a'^2_{33}+6a'^4_{33})\;+$$

$$+\frac{1}{5}H'^4\,(a'^2_{33}-a'^4_{33})\;+$$

$$+\frac{1}{8}R'^2R^2\,(1+2a'_{33}a'_{i3}a_{33}a_{i3}-3a'^2_{33}a^2_{33})\;+$$

$$+\frac{1}{12}R'^2H^2\,(1-a'^2_{33}-4a'_{33}a'_{i3}a_{33}a_{i3}+6a'^2_{33}a^2_{33})\;+$$

$$+\frac{1}{12}H'^2R^2\,(1-a^2_{33}-4a'_{33}a'_{i3}a_{33}a_{i3}+6a'^2_{33}a^2_{33})\;+$$

$$+\frac{1}{9}H'^2H^2\,(a'^2_{33}+a^2_{33}+4a'_{33}a'_{i3}a_{33}a_{i3}-6a'^2_{33}a^2_{33})\;+$$

$$+\frac{1}{24}R^4\,(1+2a^2_{33}-3a^4_{33})\;+$$

$$+\frac{1}{12}R^2H^2\,(1-5a^2_{33}+6a^4_{33})\;+$$

$$+\frac{1}{5}H^4\,(a^2_{33}-a^4_{33})\Big]\;, \tag{3.28}$$

$$K_o^{(4)} = \frac{1}{8} R'^4 (1 - 2a'^2_{33} + a'^4_{33}) +$$
$$+ \frac{1}{2} R'^2 H'^2 (a'^2_{33} - a'^4_{33}) +$$
$$+ \frac{1}{5} H'^4 a'^4_{33} +$$
$$+ \frac{3}{8} R'^2 R^2 (1 - a'^2_{33} - a^2_{33} + a'^2_{33} a^2_{33}) +$$
$$+ \frac{1}{2} R'^2 H^2 (a^2_{33} - a'^2_{33} a^2_{33}) +$$
$$+ \frac{1}{2} H'^2 R^2 (a'^2_{33} - a'^2_{33} a^2_{33}) +$$
$$+ \frac{2}{3} H'^2 H^2 a'^2_{33} a^2_{33} +$$
$$+ \frac{1}{8} R^4 (1 - 2a^2_{33} + a^4_{33}) +$$
$$+ \frac{1}{2} R^2 H^2 (a^2_{33} - a^4_{33}) +$$
$$+ \frac{1}{5} H^4 a^4_{33} \ . \qquad (3.29)$$

__3.4.4. Quader-Quader:__

$(a'_{ik} = \delta_{ik} \ ; \ a_{ik} = \delta_{ik})$

$$K_3^{(1)} = \frac{1}{8r_o^3} \left\{ \frac{1}{9} \left[4(A'^2 + B'^2 + A^2 + B^2)(C'^2 + C^2) - 2(A'^2 + A^2)(B'^2 + B^2) - 6(A'^2 A^2 + B'^2 B^2) \right] - \frac{1}{5} (A'^4 + B'^4 + A^4 + B^4) \right\} , \qquad (3.30)$$

$$K_2^{(2)} = - 2r_o \, K_3^{(1)} \ , \qquad (3.31)$$

$$K_1^{(3)} = \frac{1}{6r_o} (A'^2 + B'^2 + A^2 + B^2)(C'^2 + C^2) \ , \qquad (3.32)$$

$$K_o^{(4)} = \frac{1}{5} C'^4 + \frac{2}{3} C'^2 C^2 + \frac{1}{5} C^4 \ . \qquad (3.33)$$

3.5. Fehlerabschätzung für allgemeine Korrelationsfunktionen C(r)

Im Abschnitt 3.2 setzten wir voraus, daß die zur Diskussion stehenden Funktionen C(r) die Gl.(3.5) erfüllen. Im folgenden sehen wir von dieser Bedingung ab und beziehen uns also auf allgemeinere Korrelationsfunktionen.

Als Beispiel sei an die in Abschnitt 2.4.1 behandelte Feldverteilung thermischer Neutronen,

$$C(r) = \frac{Q}{4\pi D} \frac{e^{-r/L}}{r}, \tag{3.34}$$

gedacht. Die Quotienten $q^{(k)} = (k!)^{-1}\{d^kC(r)/dr^k\}\big|_{r=r_o}/C(r_o)$ lassen sich, wie folgt, nach Gl.(3.1) darstellen:

$$q^{(k)} = (-1)^k \sum_{\nu=o}^{k} \frac{1}{(k-\nu)!\ L^{k-\nu}} \frac{1}{r_o{}^{\nu}} =$$

$$= q_o^{(k)} + q_1^{(k)} + \ldots + q_k^{(k)}, \tag{3.35}$$

wodurch auch der Grenzwert nach Gl.(3.2) gegeben ist:

$$\lim_{r_o \to \infty} q^{(k)} = q_o^{(k)} = \frac{(-1)^k}{k!\ L^k}. \tag{3.36}$$

Wiederum vergleichen wir Korrekturformel und Reihenentwicklung (3.4) und beachten, daß die ersten Zeilen der Entwicklungsglieder B_1 jetzt im allgemeinen nicht verschwinden. Die Korrekturformel beschreibt die Ausdrücke niederer Ordnung $K_o^{(2)}q_o^{(2)}$, $K_1^{(1)}q_o^{(1)}$, ... und stimmt nur teilweise mit der Reihenentwicklung überein. Es besteht keine volle Übereinstimmung bis zu einer bestimmten Ordnung in $1/r_o$; dies gilt insbesondere auch für die Konstante B_o. Während die Korrekturformel den Wert B_o näherungsweise durch $K_o^{(2)}q_o^{(2)}$ darstellt, berücksichtigte eine Korrekturformel der Art (2.5) auch diesen Ausdruck niederster Ordnung nicht.

Eine Fehlerabschätzung analog den Gleichungen (3.8) und (3.9) ist problematisch, weil auch für Ausdrücke niederer Ordnung in $1/r_o$

gegebenenfalls unendlich viele Glieder nicht in Betracht gezogen werden.

Um auch in diesem Fall eine zumindest grobe Abschätzung zur Verfügung zu haben, beschreiten wir den folgenden Weg. Wir vergleichen (siehe Gl.(3.3)) die durch die Korrekturformel unberücksichtigten Entwicklungsglieder höherer Ordnung mit jenen niederer Ordnung. Die im allgemeinen in Betracht zu ziehenden Quotienten $K_3^{(1)}/K_1^{(1)}$ und $K_2^{(2)}/K_o^{(2)}$ sind in ihrem Verhalten ähnlich. Sie sind zueinander proportional,

$$\frac{K_2^{(2)}}{K_o^{(2)}} = (1 - \frac{2r_oK_1^{(1)} + K_o^{(2)}}{K_o^{(2)}}) \frac{K_3^{(1)}}{K_1^{(1)}} =$$

$$= (1 - \frac{(B')^{-1}\int_{B'} x'_k x'_k (dx') + B^{-1}\int_B x_k x_k (dx)}{a'^2_{3k}(B')^{-1}\int_{B'} x'^2_k (dx') + a^2_{3k} B^{-1}\int_B x^2_k (dx)}) \frac{K_3^{(1)}}{K_1^{(1)}}, \tag{3.37}$$

und von gleicher Größenordnung, wenn man von jenen Sonderfällen absieht, in denen $K_o^{(2)}$ (der Nenner in Gl.(3.37)) sehr klein (oder Null) ist. Wir werden uns daher im weiteren auf das Fehlermaß

$$F_q = \left| K_3^{(1)} / K_1^{(1)} \right| \tag{3.38}$$

beschränken.

Die Gültigkeit von Gl.(3.37) läßt sich mit Hilfe der Gleichungen (2.23d), (2.23a) und (2.23b) leicht überprüfen.

Von besonderem Interesse ist das Verhalten von $C_m(r_o)$, Gl.(3.4), für große Entfernungen r_o. Analog zu Gl.(3.10) existiert zwar eine asymptotische Lösung, doch nähert sich $C_m(r_o)$ nicht $C(r_o)$; es gilt

$$C_m(r_o) \underset{r_o \to \infty}{\Longrightarrow} C(r_o) \left[1 + \underbrace{(K_o^{(2)} q_o^{(2)} + K_o^{(4)} q_o^{(4)} + \ldots)}_{B_o \neq 0}\right] . \tag{3.39}$$

Auch für sehr große Mittelpunktsabstände r_o läßt sich $C_m(r_o)$ nicht näherungsweise durch $C(r_o)$ ersetzen, weil prinzipiell der Einfluß der endlichen Ausdehnung von Quelle umd Sonde durch den Ausdruck B_o zu berücksichtigen ist.

Wir veranschaulichen dieses Ergebnis am früher gewählten Beispiele einer Quelle thermischer Neutronen und fragen nach der Feldverteilung in hinreichend großer Entfernung. Für eine kugelförmige Quelle vom Radius R' erhalten wir mittels der Gleichungen (3.39), (2.28), (3.21) und (3.36)

$$C_m(r_o) \underset{r_o \to \infty}{\Longrightarrow} \frac{Q}{4\pi D} \frac{e^{-r_o/L}}{r_o} \Big[1 + \underbrace{\Big(\frac{R'^2}{5} \frac{1}{2!L^2} + \frac{3R'^4}{35} \frac{1}{4!L^4}}_{B_o} + \dots\Big)\Big]. \tag{3.40}$$

In die Berechnung von $C_m(r_o)$ nach Gl.(3.40) geht der Quotient R'/L, das Verhältnis von Quellenradius und Diffusionslänge, ein. Die bei Messungen verwendeten Quellen haben üblicherweise einen Durchmesser 2R' zwischen 1.5 und 5 cm; für Wasser ($L \approx 2.77$ cm bei Raumtemperatur) liegt also der Korrekturwert B_o größenordnungsmäßig zwischen einem und zehn Prozent.
Außerdem zeigt das Beispiel (3.40), daß die Korrekturformel nur für kleine Werte R'/L genaue Ergebnisse liefern wird. Allgemein gesehen, ergibt sich daraus die zusätzliche Forderung, daß im Sinne einer kleinen Störung die Abmessungen von Quelle und Sonde klein gegenüber auftretenden charakteristischen Längen sein müssen.

4. Vergleich der Näherungswerte mit den Ergebnissen exakter Lösungen

Die bisher diskutierten Ergebnisse betreffend die Korrekturformel und die (im 3.Kapitel eingeführten) Fehlermaße waren im wesentlichen von allgemeiner Art, auch wenn wir uns schließlich auf die speziellen Formen Kugel, Zylinder und Quader beschränkten und die Korrelationsfunktionen C(r) nach zwei Eigenschaften typisierten.

In diesem Kapitel fassen wir bestimmte Korrekturprobleme ins Auge, für die exakte Lösungen vorliegen, und vergleichen deren Ergebnisse mit unseren Näherungswerten. Dabei stellen wir für verschiedene Mittelpunktsabstände r_o den exakten Werten K, F_a, F_r die Näherungswerte K_n, F_{an}, F_{rn} gegenüber und geben außerdem das Fehlermaß F_q an. Die angeführten Größen haben (vgl. die Ausführungen der vorigen Kapitel) folgende Bedeutung:

$K = C_m(r_o)/C(r_o)$ ..... der exakte Korrekturfaktor nach Gl.(2.4c),

$K_n = 1 + K_1^{(1)}q^{(1)} + K_o^{(2)}q^{(2)}$ .... der näherungsweise berechnete Korrekturfaktor bei Anwendung der Korrekturformel (2.27a),

$F_a = K - K_n$ .... der absolute Fehler des Näherungswertes K_n,

$F_{an} = K_3^{(1)}q_1^{(1)} + K_2^{(2)}q_2^{(2)} + K_1^{(3)}q_3^{(3)} + K_o^{(4)}q_4^{(4)}$ .....
der Näherungswert des absoluten Fehlers F_a gemäß Gl.(3.8),

$F_r = F_a/K$ .... der relative Fehler (die Genauigkeit) der Korrekturformel (2.27a),

$$F_{rn} = \frac{K_3^{(1)}q_1^{(1)} + K_2^{(2)}q_2^{(2)} + K_1^{(3)}q_3^{(3)} + K_o^{(4)}q_4^{(4)}}{1 + K_1^{(1)}q_1^{(1)} + K_o^{(2)}q_2^{(2)} + K_1^{(1)}q_2^{(1)} + K_o^{(2)}q_3^{(2)}} \quad .....$$

der Näherungswert des relativen Fehlers F_r gemäß Gl.(3.9)

und $F_q = \left|K_3^{(1)}/K_1^{(1)}\right|$ .... das Fehlermaß nach Gl.(3.38).

Ein Vergleich der beschriebenen Art ist (vgl. Abschnitt 3.1) prinzipiell nur für Mittelpunktsabstände $r_o > r_{og}$ möglich. Im Abschnitt 3.2 bemerkten wir, daß für die dort diskutierten Korrelationsfunktionen C(r) Korrekturformel und Reihenentwicklung nach Potenzen von $1/r_o$ bis zur dritten Ordnung übereinstimmen. In Hinblick darauf gilt auch unser Interesse, wie wenig weit sich exakte Werte und Näherungswerte mit wachsendem Abstand r_o voneinander unterscheiden; als Bezugsgröße wählen wir für r_o die Gültigkeitsgrenze r_{og}.

Exakte Lösungen existieren in der Literatur zumeist nur für spezielle geometrische Anordnungen und spezielle Korrelationsfunktionen. Die in den nächsten Abschnitten angeführten Beispiele unterliegen also diesbezüglich einer Einschränkung, die seitens der abgeleiteten Korrekturformel nicht notwendig wäre. Die jeweiligen Zahlenwerte sind in den Tabellen 4.1 - 4.10 zusammengestellt. Ihre Berechnung erfolgte auf der Rechenanlage IBM 7040 der Technischen Universität Wien mit doppelter Genauigkeit (16-17 wesentliche Ziffern). Die Fehler F_r, F_{rn} und F_q sind in Prozenten angegeben.

An dieser Stelle sei auf einen Umstand, der für die numerische Auswertung von Bedeutung ist, aufmerksam gemacht. In den folgenden Beispielen, aber auch in manchen anderen Fällen kommt es zu der scheinbar paradoxen Erscheinung, daß mit wachsendem Mittelpunktsabstand in verstärktem Maße die Näherungslösung genauere Zahlenwerte liefert, als dies bei Anwendung der "exakten" Formel der Fall ist. Die Ursache für dieses Verhalten liegt in den Rundungsfehlern, die vor allem bei den zumeist aufwendigen Formeln der exakten Lösung zur Geltung kommen. Berechnete man etwa den Korrekturfaktor K nur mit einfacher Genauigkeit (8-9 wesentliche Ziffern), so wären manche der in den folgenden Tabellen angeführten Werte nicht einmal auf vier Dezimalstellen genau. Insbesondere für große Entfernungen ($r_o/r_{og} > 5.0$) ist es in den meisten Fällen vorteilhaft, die Korrekturformel der exakten Lösung vorzuziehen, weil dann vielfach die zu ermittelnden Zahlenwerte bei geringem Rechenaufwand sogar noch genauer werden.

4.1. Korrelationsfunktion C(r) verkehrt proportional r

Für diesen Abschnitt möge C(r) verkehrt proportional r sein ($C(r) = a_{-1}r^{-1}$ nach Gl.(3.12)). Die Ergebnisse des Abschnittes 3.3 sind also für $n = -1$ zu spezialisieren; anstelle der Gleichungen (3.17) treten die Beziehungen

$$q_1^{(1)} = -1/r_o , \tag{4.1a}$$

$$q_2^{(2)} = +1/r_o^2 , \tag{4.1b}$$

$$q_3^{(3)} = -1/r_o^3 , \tag{4.1c}$$

$$q_4^{(4)} = +1/r_o^4 . \tag{4.1d}$$

Bekannte Aufgaben, für die dieses spezielle Einflußgesetz gilt, finden wir in der Theorie des Elektromagnetismus und in der Mechanik: Induktionsberechnungen /13/, die Bestimmung des elektrostatischen Potentials und der elektrostatischen Energie geladener Körper /14-16/, die Ermittlung des Newtonschen Gravitationspotentials und der potentiellen Energie von Massen /17,18/.

Die angeführten Problemstellungen unterscheiden sich vom Standpunkt der Größenkorrektur unwesentlich, denn für die Berechnung des Korrekturfaktors $K = C_m(r_o)/C(r_o)$ ist neben der geometrischen Anordnung nur die Korrelationsfunktion von Bedeutung.
Wir betrachten im folgenden, auch in Hinblick auf die Ausführungen des Abschnittes 4.3, Beispiele der Elektrostatik.

4.1.1. Elektrostatische Energie zweier homogen geladener kreisförmiger Flächen

Rowlands gibt in /16/ eine Formelsammlung für die Berechnung der elektrostatischen Energie homogen geladener Flächen verschiedener Gestalt und geometrischer Anordnung. Die explizit angeführten Ergebnisse beziehen sich auf bestimmte Kombinationen kreisförmiger und rechteckiger Flächen mit parallelen Ebenen, ähnlich den Beispielen 1 und 2 unserer Tabelle 2.2; die Diskussion erstreckt sich auch auf Anordnungen, bei denen die Verbindungslinie der Mittelpunkte keine Ebenennormale ist (vgl. die Ausführungen des 6.Kapitels). Bezüglich allgemeinerer Ladungsverteilungen (z.B. Ebenen nicht parallel, polygonale Flächen) verweist Rowlands auf die umfassenderen Arbeiten /19/ und /20/.

Wir betrachten im folgenden eine Anordnung, wie sie durch den Fall 1 der Tabelle 2.2 beschrieben wird. Mit $E_m(r_o)$ bezeichnen wir die elektrostatische Energie zweier paralleler koaxialer homogen geladener Kreisflächen der Ladungsdichte eins, während in bekannter Weise R' und R die Kreisradien und r_o der Mittelpunktsabstand bedeuten mögen. Dann gilt nach /16/, Gl.(3.8),

$$E_m(r_o) = 2\pi^2 a^2 R'^3 \left\{ \frac{1}{p} B(a,p^2) - 2\beta \right\}, \qquad (4.2)$$

mit den Abkürzungen

$$a = R/R', \qquad (4.2a)$$

$$2\beta = r_o/R', \qquad (4.2b)$$

$$p^2 = 1/(1 + 4\beta^2). \qquad (4.2c)$$

Bei Grover /13/ findet man Tabellenwerte der Funktion $B(a,p^2)$ für $a = 0.00(0.05)1.00$ und $p^2 = 0.00(0.05)1.00$ auf 6 Dezimalstellen genau. Weit wichtiger aber ist eine Reihenentwicklung für $B(a,p^2)$, die für alle Werte von a und r_o konvergiert:

$$B(a,p^2) = \sum_{n=0}^{\infty} B_{2n}(p^2)\cdot(ap)^{2n}, \qquad (4.3)$$

mit den ersten vier Entwicklungskoeffizienten

$$B_0 = 1, \qquad (4.3a)$$

$$B_2 = -\frac{1}{8}p^2, \qquad (4.3b)$$

$$B_4 = -\frac{1}{64}p^2(5p^2 - 4), \qquad (4.3c)$$

$$B_6 = -\frac{5}{1024}p^2(21p^4 - 28p^2 + 8). \qquad (4.3d)$$

Bei Anwendung der Korrekturformel (2.27a) erhalten wir anstelle der exakten Lösung (4.2) den Näherungswert

$$C_m(r_o) = C(r_o)\left\{1 + K_1^{(1)}q_1^{(1)} + K_o^{(2)}q_2^{(2)}\right\} =$$

$$= \frac{R'^2\pi\cdot R^2\pi}{r_o}\left(1 - \frac{R'^2 + R^2}{4r_o^2}\right), \tag{4.4}$$

wenn wir $C(r_o)$, die Werte der Gleichungen (4.1) und gemäß Tabelle 2.2

$$K_1^{(1)} = \frac{R'^2 + R^2}{4r_o}, \tag{4.5a}$$

$$K_o^{(2)} = 0 \tag{4.5b}$$

einsetzen. Den exakten Korrekturfaktor K und den Näherungswert K_n finden wir, indem wir $E_m(r_o)$ nach Gl.(4.2) und $C_m(r_o)$ nach Gl.(4.4) durch $C(r_o) = R'^2\pi\cdot R^2\pi/r_o$ dividieren.

Weiters benötigen wir noch die Entwicklungskoeffizienten höherer Ordnung $K_3^{(1)}$, $K_2^{(2)}$, $K_1^{(3)}$, $K_o^{(4)}$ und die Gültigkeitsgrenze r_{og}. Als Berechnungsgrundlage dienen die Gleichungen (3.26) bis (3.29), die für $H' = 0$, $a'_{31} = 0$, $a'_{32} = 0$, $a'_{33} = 1$ und $H = 0$, $a_{31} = 0$, $a_{32} = 0$, $a_{33} = 1$ zu spezialisieren sind, und die Beziehung $r_{max} = r_o\sqrt{2}$. Die Ergebnisse lauten:

$$K_3^{(1)} = -\frac{1}{24r_o^3}(R'^4 + 3R'^2R^2 + R^4), \tag{4.5c}$$

$$K_2^{(2)} = -2r_o K_3^{(1)}, \tag{4.5d}$$

$$K_1^{(3)} = 0, \tag{4.5e}$$

$$K_o^{(4)} = 0 \tag{4.5f}$$

und

$$r_{og} = R' + R. \tag{4.6}$$

Wir haben nun alle notwendigen Berechnungsgrößen ermittelt, um im folgenden ein Zahlenbeispiel zu betrachten; dabei wählen wir ein Radienverhältnis R' : R = 2 : 1 . Die Tabelle 4.1 enthält alle interessierenden Größen. Der Mittelpunktsabstand r_o variiert hier (und im folgenden) zwischen dem ein- und fünffachen der Gültigkeitsgrenze; die Werte für $r_o/r_{og} = 1.0$ sind, genau genommen, unverbindlich.

Tabelle 4.1. Vergleichswerte in Abhängigkeit von r_o/r_{og} für die elektrostatische Energie zweier homogen geladener Kreisflächen. Geometrische Anordnung 1 der Tabelle 2.2, R' : R = 2 : 1

r_o/r_{og}	K	K_n	F_a	F_{an}	F_r	F_{rn}	F_q
1.0	0.8927	0.8611	0.0316	0.0448	3.54	5.20	10.74
1.5	0.9457	0.9383	0.0074	0.0088	0.79	0.94	4.77
2.0	0.9678	0.9653	0.0025	0.0028	0.26	0.29	2.69
2.5	0.9788	0.9778	0.0011	0.0011	0.11	0.12	1.72
3.0	0.9851	0.9846	0.0005	0.0006	0.05	0.06	1.19
3.5	0.9889	0.9887	0.0003	0.0003	0.03	0.03	0.88
4.0	0.9915	0.9913	0.0002	0.0002	0.02	0.02	0.67
4.5	0.9932	0.9931	0.0001	0.0001	0.01	0.01	0.53
5.0	0.9945	0.9944	0.0001	0.0001	0.01	0.01	0.43

Die Tabellenwerte zeigen ein bemerkenswertes Ergebnis; der mit Hilfe der Korrekturformel berechnete Korrekturfaktor K_n ist bereits für einen Mittelpunktsabstand $r_o/r_{og} = 1.5$ genauer als auf ein Prozent ($F_r = 0.79\%$) und für $r_o/r_{og} = 3.0$ sogar genauer als auf ein Promille ($F_r = 0.05\%$). Die entsprechenden Werte des Fehlermaßes F_q liegen bei etwa fünf und einem Prozent. Die näherungsweise bestimmten Fehler F_{an}, F_{rn} sind zunächst größer als die tatsächlichen und stimmen mit diesen für $r_o/r_{og} \geq 2.0$ praktisch überein.

4.1.2. Elektrostatische Energie zweier homogen geladener rechteckiger Flächen

Die Ausführungen dieses Abschnittes beziehen sich auf die geometrische Anordnung 2 der Tabelle 2.2. Die beiden betrachteten Rechtecke mögen identisch sein (A' = A, B' = B). Für die numerische Auswertung setzen wir das Seitenverhältnis A : B = 2 : 1 .

Nach /16/, Gl.(3.2), wird die elektrostatische Energie zweier solcher homogen geladener Rechtecke der Ladungsdichte eins durch

$$E_m(r_o) = 16A^3\, F\left(\frac{B}{A}, \frac{r_o}{2A}\right) \qquad (4.7)$$

beschrieben. F(p,q) läßt sich durch elementare Funktionen ausdrücken; nach /13/, Gl.(3.1), gilt:

$$\begin{aligned} F(p,q) = {} & (p^2 - q^2)\ \mathrm{ar\,sinh}(1/\sqrt{p^2 + q^2}\,) + \\ & + p(1 - q^2)\ \mathrm{ar\,sinh}(p/\sqrt{1 + q^2}\,) + \\ & + pq^2\ \mathrm{ar\,sinh}(p/q) + q^2\ \mathrm{ar\,sinh}(1/q) + \\ & + 2pq\ \mathrm{arc\,tan}(q\sqrt{1 + p^2 + q^2}\,/p) - \\ & - \pi pq + \frac{2}{3}q^3 - \\ & - \frac{1}{3}(1 + p^2 - 2q^2)\sqrt{1 + p^2 + q^2} + \\ & + \frac{1}{3}(1 - 2q^2)\sqrt{1 + q^2} + \\ & + \frac{1}{3}(p^2 - 2q^2)\sqrt{p^2 + q^2}\,. \end{aligned} \qquad (4.8)$$

In /19/ werden für die Funktionen F(p,q) Zahlenwerte für p = 0.0 (0.1)1.1 und q = 0.0(0.1)1.6 und Reihenentwicklungen angegeben.

Wie lauten die Größen, die wir für unsere Rechnung benötigen? Mit Hilfe der Tabelle 2.2 und durch Spezialisierung der Gleichungen (3.30)ff. (C' = 0, C = 0) finden wir zunächst

$$K_1^{(1)} = \frac{A'^2 + B'^2 + A^2 + B^2}{6r_o} , \tag{4.9a}$$

$$K_o^{(2)} = 0 , \tag{4.9b}$$

$$K_3^{(1)} = -\frac{1}{8r_o^3}\left[\frac{2}{9}(A'^2 + A^2)(B'^2 + B^2) + \right.$$

$$+ \frac{2}{3}(A'^2A^2 + B'^2B^2) +$$

$$\left. + \frac{1}{5}(A'^4 + B'^4 + A^4 + B^4)\right] , \tag{4.9c}$$

$$K_2^{(2)} = -2r_o\, K_3^{(1)} , \tag{4.9d}$$

$$K_1^{(3)} = 0 , \tag{4.9e}$$

$$K_o^{(4)} = 0 ; \tag{4.9f}$$

r_{og} läßt sich ebenfalls leicht bestimmen, wir führen nur das Ergebnis an:

$$r_{og} = \sqrt{(A' + A)^2 + (B' + B)^2} . \tag{4.10}$$

Die angeschriebenen Beziehungen (4.9) und (4.10) gelten für beliebige Werte A', B', A, B ; für die Berechnung des zu Gl.(4.7) korrespondierenden Ausdrucks $C_m(r_o)$ haben wir $A' = A$, $B' = B$

Tabelle 4.2. Vergleichswerte in Abhängigkeit von r_o/r_{og} für die elektrostatische Energie zweier homogen geladener rechteckiger Flächen. Geometrische Anordnung 2 der Tabelle 2.2, $A' : B' : A : B$ = 2 : 1 : 2 : 1

r_o/r_{og}	K	K_n	F_a	F_{an}	F_r	F_{rn}	F_q
1.0	0.9318	0.9167	0.0151	0.0203	1.62	2.22	8.13
1.5	0.9664	0.9630	0.0035	0.0040	0.36	0.42	3.61
2.0	0.9803	0.9792	0.0012	0.0013	0.12	0.13	2.03
2.5	0.9872	0.9867	0.0005	0.0005	0.05	0.05	1.30
3.0	0.9910	0.9907	0.0002	0.0003	0.02	0.03	0.90
3.5	0.9933	0.9932	0.0001	0.0001	0.01	0.01	0.66
4.0	0.9949	0.9948	0.0001	0.0001	0.01	0.01	0.51
4.5	0.9959	0.9959	0.0000	0.0000	0.00	0.00	0.40
5.0	0.9967	0.9967	0.0000	0.0000	0.00	0.00	0.33

zu setzen und erhalten

$$C_m(r_o) = \frac{4AB\cdot 4AB}{r_o}\left(1 - \frac{A^2+B^2}{3r_o^2}\right) . \qquad (4.11)$$

In der Tabelle 4.2 sind einige numerische Ergebnisse zusammengestellt. Exakte Werte und deren Näherung stimmen sehr gut überein. Bereits für Entfernungen $r_o/r_{og} < 1.5$ und $r_o/r_{og} < 2.5$ erreicht die Korrekturformel eine Genauigkeit von einem Prozent bzw. einem Promille.

4.1.3. Elektrostatisches Potential einer homogen geladenen Kugel

Als weiteres Beispiel wählen wir die Bestimmung des elektrostatischen Potentials $\phi(r_o)$ einer homogen geladenen Kugel vom Radius R' und der Ladungsdichte eins. Aus der Elektrostatik wissen wir, daß sich außerhalb einer kugelsymmetrischen Ladungsverteilung das von der Verteilung erzeugte Potential so verhält, als ob die Gesamtladung im Symmetriezentrum vereinigt wäre. Wir erhalten also

$$\phi(r_o) = C(r_o) = \frac{4\pi R'^3}{3r_o} \qquad (4.12)$$

und das charakteristische Ergebnis, daß der Korrekturfaktor K für jeden Mittelpunktsabstand r_o denselben Wert eins annimmt.

Unser Interesse gilt der Frage, wie in diesem besonderen Fall die Vergleichsrechnung verläuft.
Zur Bestimmung der Größen $K_1^{(1)}$, $K_o^{(2)}$, ... brauchen wir nur die in Tabelle 2.2 angeführten Werte der Anordnung 5 und die Gleichungen (3.18)ff. für $R = 0$ zu spezialisieren; wir finden

$$K_1^{(1)} = \frac{R'^2}{5r_o} , \qquad (4.13a)$$

$$K_o^{(2)} = \frac{R'^2}{5} , \qquad (4.13b)$$

$$K_3^{(1)} = 0 , \qquad (4.13c)$$

$$K_2^{(2)} = 0 \,, \tag{4.13d}$$

$$K_1^{(3)} = \frac{3R'^4}{35r_o} \,, \tag{4.13e}$$

$$K_o^{(4)} = \frac{3R'^4}{35} \,. \tag{4.13f}$$

Weiters bringt eine einfache Berechnung die Beziehung

$$r_{og} = (1+\sqrt{2})R' \,. \tag{4.14}$$

Im folgenden weichen wir von der bisher geübten Praxis ab und schreiben entsprechend der Gl.(3.14) $C_m(r_o)$ etwas ausführlicher an:

$$C_m(r_o) = \frac{4\pi R'^3}{3r_o}\Bigg[1 + \underbrace{\frac{R'^2}{5r_o}\left(-\frac{1}{r_o}\right) + \frac{R'^2}{5}\left(+\frac{1}{r_o^2}\right)}_{K_n} +$$

$$+ 0\left(-\frac{1}{r_o}\right) + 0\left(+\frac{1}{r_o^2}\right) + \underbrace{\frac{3R'^4}{35r_o}\left(-\frac{1}{r_o^3}\right) + \frac{3R'^4}{35}\left(+\frac{1}{r_o^4}\right)}_{F_{an}} + \ldots\Bigg] =$$

$$= \frac{4\pi R'^3}{3r_o}\Bigg(1 + \underbrace{\frac{-R'^2/5 + R'^2/5}{r_o^2}}_{K_n} +$$

$$+ \underbrace{\frac{-0 + 0 - 3R'^4/35 + 3R'^4/35}{r_o^4}}_{F_{an}} + \ldots\Bigg) \,. \tag{4.15}$$

Interessanterweise verschwinden die Ausdrücke $1/r_o^2$, $1/r_o^4$, ... von Gl.(4.15), weil sich die Summanden der Zähler gerade aufheben. $C_m(r_o)$ stimmt mit $\phi(r_o)$ nach Gl.(4.12) überein, d.h. im betrachteten Fall liefert die Korrekturformel (2.27a) für jeden Mittelpunktsabstand r_o das exakte Ergebnis! In der Tabelle 4.3 sind die Zahlenwerte zusammengefaßt; sie zeigen ein monotones Bild. Während K und K_n stets den Wert eins annehmen, sind alle Fehlergrößen, auch F_q, mit Null identisch.

Tabelle 4.3. Vergleichswerte in Abhängigkeit von r_o/r_{og} für das elektrostatische Potential einer homogen geladenen Kugel

r_o/r_{og}	K	K_n	F_a	F_{an}	F_r	F_{rn}	F_q
1.0	1.0000	1.0000	-0.0000	-0.0000	-0.00	-0.00	0.00
1.5	1.0000	1.0000	-0.0000	-0.0000	-0.00	-0.00	0.00
2.0	1.0000	1.0000	-0.0000	-0.0000	-0.00	-0.00	0.00
2.5	1.0000	1.0000	-0.0000	-0.0000	-0.00	-0.00	0.00
3.0	1.0000	1.0000	-0.0000	-0.0000	-0.00	-0.00	0.00
3.5	1.0000	1.0000	-0.0000	-0.0000	-0.00	-0.00	0.00
4.0	1.0000	1.0000	-0.0000	-0.0000	-0.00	-0.00	0.00
4.5	1.0000	1.0000	-0.0000	-0.0000	-0.00	-0.00	0.00
5.0	1.0000	1.0000	-0.0000	-0.0000	-0.00	-0.00	0.00

Die Gl.(4.15) ist aber auch in anderer Hinsicht von Interesse. Das Potential $C_m(r_o)$ setzt sich aus Summanden der Form $a_l r_o^{-(l+1)}$ zusammen, wobei l die Werte 0, 2, 4, ... annimmt. Für das betrachtete Beispiel einer homogen geladenen Kugel ist nur a_o von Null verschieden; im allgemeinen (z.B. Potential eines homogen geladenen Zylinders) tragen auch die Glieder mit $l = 2, 4, \ldots$ zur Lösung bei.

Die angeführten Eigenschaften zeigen, daß die mit Gl.(2.4) eingeführte Reihenentwicklung im speziell betrachteten Fall der Potentialbestimmung mit der bekannten Entwicklung nach elektrostatischen Multipolen übereinstimmt. Daß $C_m(r_o)$ keine Glieder ungerader Ordnung in l (Dipol, Oktopol, ...) enthält, überrascht uns nicht, denn wir haben uns ja im Abschnitt 2.2 auf symmetrische Quellen beschränkt. Die Korrekturformel berücksichtigt das Monopol- und Quadrupolfeld; $C(r_o)\cdot F_{an}$ beschreibt den Beitrag des 2^4- Pols zur Gesamtlösung.

4.2. Korrelationsfunktion C(r) verkehrt proportional r^2

Für die weiteren Überlegungen soll C(r) verkehrt proportional r^2 sein ($C(r) = a_{-2}r^{-2}$ nach Gl.(3.12)). Die Ergebnisse des Abschnittes 3.3 sind jetzt für $n = -2$ zu spezialisieren; durch Einsetzen dieses Wertes in die Gleichungen (3.17) erhalten wir

$$q_1^{(1)} = -2/r_o , \tag{4.16a}$$

$$q_2^{(2)} = +3/r_o^2 , \tag{4.16b}$$

$$q_3^{(3)} = -4/r_o^3 , \tag{4.16c}$$

$$q_4^{(4)} = +5/r_o^4 . \tag{4.16d}$$

Zu den Anwendungsbeispielen zählen alle Problemstellungen, für die das quadratische Abstandsgesetz gilt, wie dies etwa bei der Feldintensität von Strahlenquellen unter Vernachlässigung von Absorptions- und Streueffekten der Fall ist.

Wir betrachten in den beiden nächsten Abschnitten die Ionendosisleistung einer kugelförmigen und einer zylindrischen γ-Strahlenquelle (vgl. /21/).

4.2.1. γ-Strahlungsfeld einer kugelförmigen Quelle

Gupta et al. berechnen in /22/ unter anderem die Ionendosisleistung einer homogen strahlenden kugelförmigen γ-Quelle in einem außen gelegenen Aufpunkt. Die Überlegungen beschränken sich dabei auf den Einfluß der Geometrie, außerhalb der Betrachtung stehen Effekte, die durch Absorption oder Streuung der Strahlung in oder außerhalb der Quelle hervorgerufen werden.
Neben den bekannten Bezeichnungen R' und r_o für Kugelradius und Mittelpunktsabstand des Aufpunktes mögen Γ die Spezifische Gammastrahlenkonstante (Ionendosisleistung einer punktförmigen γ-Quelle der Aktivität eins in der Entfernung eins) und c_A die Aktivitätskonzentration bedeuten. Dann gilt nach /22/, Gl.(10), für die

Ionendosisleistung $\dot{J}(r_o)$ im betrachteten Aufpunkt

$$\dot{J}(r_o) = \pi \Gamma c_A \left[2R' - \frac{(r_o-R')(r_o+R')}{r_o} \log \frac{r_o+R'}{r_o-R'} \right] . \qquad (4.17)$$

Es fällt uns nicht schwer, den zu Gl.(4.17) korrespondierenden Näherungswert $C_m(r_o)$ anzugeben. Die Größen $K_1^{(1)}$, $K_o^{(2)}$, ... und r_{og} der hier betrachteten Anordnung Kugel-Punkt haben wir bereits im Abschnitt 4.1.3 in den Beziehungen (4.13) und (4.14) angeschrieben; $C(r_o)$ ist noch zu bestimmen.

Da Γ/r_o^2 die Ionendosisleistung einer punktförmigen γ-Quelle der Aktivität eins im Abstand r_o ist, gilt für eine Aktivität $(4\pi R'^3/3)\cdot c_A$

$$C(r_o) = \frac{4\pi R'^3}{3} c_A \frac{\Gamma}{r_o^2} . \qquad (4.18)$$

Wir finden also unter Beachtung der Gleichungen (4.16)

$$C_m(r_o) = \frac{4\pi R'^3 c_A \Gamma}{3r_o^2} \left(1 + \frac{R'^2}{5r_o^2}\right) . \qquad (4.19)$$

Abschließend diskutieren wir wiederum das numerische Ergebnis (Tabelle 4.4). Exakte Größen und deren Näherungswerte stimmen ausgezeichnet überein, worauf auch das mit Null identische Fehlermaß F_q hinweist. Bei einer Entfernung $r_o/r_{og} = 1.5$ ist die Korrekturformel bereits genauer als auf 0.1%!

Tabelle 4.4. Vergleichswerte in Abhängigkeit von r_o/r_{og} für die Ionendosisleistung einer homogen strahlenden kugelförmigen γ-Quelle

r_o/r_{og}	K	K_n	F_a	F_{an}	F_r	F_{rn}	F_q
1.0	1.0371	1.0343	0.0028	0.0025	0.27	0.24	0.00
1.5	1.0158	1.0153	0.0005	0.0005	0.05	0.05	0.00
2.0	1.0087	1.0086	0.0002	0.0002	0.02	0.02	0.00
2.5	1.0056	1.0055	0.0001	0.0001	0.01	0.01	0.00
3.0	1.0038	1.0033	0.0000	0.0000	0.00	0.00	0.00
3.5	1.0028	1.0028	0.0000	0.0000	0.00	0.00	0.00
4.0	1.0022	1.0021	0.0000	0.0000	0.00	0.00	0.00
4.5	1.0017	1.0017	0.0000	0.0000	0.00	0.00	0.00
5.0	1.0014	1.0014	0.0000	0.0000	0.00	0.00	0.00

4.2.2. γ-Strahlungsfeld einer zylindrischen Quelle

Unter den Voraussetzungen, die wir schon im vorigen Abschnitt anführten, gelang es Kovalev /23/, einen analytischen Ausdruck für das γ-Strahlungsfeld einer zylindrischen Quelle anzugeben. Die allgemeine Lösung, die unter anderem auch Elliptische Integrale 1. und 2. Gattung enthält, wird für auf der Zylinderachse liegende Aufpunkte verhältnismäßig einfach, wovon wir im weiteren auch Gebrauch machen wollen.
Wir wählen also eine geometrische Anordnung, die durch den Fall 6 der Tabelle 2.2 (mit vertauschten gestrichenen und ungestrichenen Größen und $R = 0$) beschrieben wird. In unserer Bezeichnungsweise gilt nach /23/, Gl.(5) folgend, für die Ionendosisleistung $\dot{J}(r_o)$ in einem Aufpunkt, dessen Mittelpunktsabstand r_o ist,

$$\dot{J}(r_o) = \pi\Gamma c_A \left\{\left[(r_o+H')\log(1 + \frac{R'^2}{(r_o+H')^2}) + 2R'\arctan\frac{r_o+H'}{R'}\right] - \right.$$

$$\left. - \left[(r_o-H')\log(1 + \frac{R'^2}{(r_o-H')^2}) + 2R'\arctan\frac{r_o-H'}{R'}\right]\right\} . \qquad (4.20)$$

Der Tabelle 2.2 entnehmen wir $(R = 0)$

$$K_1^{(1)} = \frac{R'^2}{4r_o} \qquad (4.21a)$$

und

$$K_o^{(2)} = \frac{H'^2}{3} , \qquad (4.21b)$$

die Gleichungen (3.22)ff. liefern $(a'_{33} = 1, R = 0)$

$$K_3^{(1)} = \frac{1}{24r_o^3}(2R'^2H'^2 - R'^4) , \qquad (4.21c)$$

$$K_2^{(2)} = - 2r_o K_3^{(1)}, \qquad (4.21d)$$

$$K_1^{(3)} = \frac{R'^2H'^2}{4r_o} , \qquad (4.21e)$$

$$K_o^{(4)} = \frac{H'^4}{5} \qquad (4.21f)$$

und r_{og} ergibt sich aus einer einfachen Rechnung zu

$$r_{og} = H' + \sqrt{R'^2 + 2H'^2} \; ; \qquad (4.22)$$

der Näherungswert $C_m(r_o)$ für die Ionendosisleistung lautet

$$C_m(r_o) = \frac{2\pi R'^2 H' c_A \Gamma}{r_o^2} \left(1 + \frac{-R'^2 + 2H'^2}{2r_o^2}\right) . \qquad (4.23)$$

Unser weiteres Interesse gilt wiederum der Zahlenrechnung. Wir behandeln drei Beispiele und setzen das Verhältnis von Durchmesser zu Höhe der zylindrischen Quelle der Reihe nach 2 : 1 , 1 : 1 und 1 : 5 . Die Ergebnisse sind in den Tabellen 4.5, 4.6 und 4.7 zusammengestellt.

Bemerkenswert ist die hohe Genauigkeit der einzelnen Korrekturfaktoren K_n (selbst im ungünstigen dritten Beispiel erreicht F_r bereits für $r_o/r_{og} < 2.5$ die Promillegrenze). Die Werte von F_q stehen damit in Einklang. Die näherungsweise bestimmten Fehler F_{an}, F_{rn} und die tatsächlichen unterscheiden sich im zweiten Beispiel ("kugelähnliche" Form) am wenigsten; für $r_o/r_{og} \geq 2.0$ stimmen sie in allen drei Fällen praktisch überein.

Tabelle 4.5. Vergleichswerte in Abhängigkeit von r_o/r_{og} für die Ionendosisleistung einer homogen strahlenden zylindrischen γ-Quelle. Aufpunkt auf der Zylinderachse, R': H' = 2 : 1

r_o/r_{og}	K	K_n	F_a	F_{an}	F_r	F_{rn}	F_q
1.0	0.9173	0.9160	0.0013	-0.0024	0.14	-0.26	2.80
1.5	0.9626	0.9626	-0.0001	-0.0005	-0.01	-0.05	1.25
2.0	0.9789	0.9790	-0.0001	-0.0001	-0.01	-0.02	0.70
2.5	0.9865	0.9866	-0.0000	-0.0001	-0.00	-0.01	0.45
3.0	0.9906	0.9907	-0.0000	-0.0000	-0.00	-0.00	0.31
3.5	0.9931	0.9931	-0.0000	-0.0000	-0.00	-0.00	0.23
4.0	0.9947	0.9947	-0.0000	-0.0000	-0.00	-0.00	0.18
4.5	0.9958	0.9958	-0.0000	-0.0000	-0.00	-0.00	0.14
5.0	0.9966	0.9966	-0.0000	-0.0000	-0.00	-0.00	0.11

Tabelle 4.6. Vergleichswerte in Abhängigkeit von r_o/r_{og} für die Ionendosisleistung einer homogen strahlenden zylindrischen γ-Quelle. Aufpunkt auf der Zylinderachse, R': H' = 1 : 1

r_o/r_{og}	K	K_n	F_a	F_{an}	F_r	F_{rn}	F_q
1.0	1.0602	1.0670	-0.0068	-0.0060	-0.64	-0.56	2.23
1.5	1.0285	1.0298	-0.0013	-0.0012	-0.12	-0.11	0.99
2.0	1.0164	1.0167	-0.0004	-0.0004	-0.04	-0.04	0.56
2.5	1.0106	1.0107	-0.0002	-0.0002	-0.02	-0.02	0.36
3.0	1.0074	1.0074	-0.0001	-0.0001	-0.01	-0.01	0.25
3.5	1.0054	1.0055	-0.0000	-0.0000	-0.00	-0.00	0.18
4.0	1.0042	1.0042	-0.0000	-0.0000	-0.00	-0.00	0.14
4.5	1.0033	1.0033	-0.0000	-0.0000	-0.00	-0.00	0.11
5.0	1.0027	1.0027	-0.0000	-0.0000	-0.00	-0.00	0.09

Tabelle 4.7. Vergleichswerte in Abhängigkeit von r_o/r_{og} für die Ionendosisleistung einer homogen strahlenden zylindrischen γ-Quelle. Aufpunkt auf der Zylinderachse, R': H' = 1 : 5

r_o/r_{og}	K	K_n	F_a	F_{an}	F_r	F_{rn}	F_q
1.0	1.1980	1.1662	0.0318	0.0269	2.66	2.30	5.54
1.5	1.0796	1.0739	0.0057	0.0053	0.53	0.49	2.46
2.0	1.0433	1.0415	0.0017	0.0017	0.17	0.16	1.38
2.5	1.0273	1.0266	0.0007	0.0007	0.07	0.07	0.89
3.0	1.0188	1.0185	0.0003	0.0003	0.03	0.03	0.62
3.5	1.0137	1.0136	0.0002	0.0002	0.02	0.02	0.45
4.0	1.0105	1.0104	0.0001	0.0001	0.01	0.01	0.35
4.5	1.0083	1.0082	0.0001	0.0001	0.01	0.01	0.27
5.0	1.0067	1.0066	0.0000	0.0000	0.00	0.00	0.22

4.3. Korrelationsfunktion C(r) verkehrt proportional r^3

Wenn C(r) verkehrt proportional r^3 ist ($C(r) = a_{-3}r^{-3}$ nach Gl.(3.12)), dann sind die Ergebnisse des Abschnittes 3.3 für $n = -3$ zu spezialisieren; durch Einsetzen in die Gleichungen (3.17) finden wir

$$q_1^{(1)} = -3/r_o , \quad (4.24a)$$

$$q_2^{(2)} = +6/r_o^2 , \quad (4.24b)$$

$$q_3^{(3)} = -10/r_o^3 , \quad (4.24c)$$

$$q_4^{(4)} = +15/r_o^4 . \quad (4.24d)$$

Als wichtiges Anwendungsgebiet sei die Berechnung des durch eine Apertur begrenzten Raumwinkels für eine punktförmige oder räumlich ausgedehnte Quelle erwähnt.

Bezeichnen wir (Abb. 4.1) den Abstand eines Quellenpunktes von einem Flächenelement der Apertur (wie bisher) mit r, den Winkel

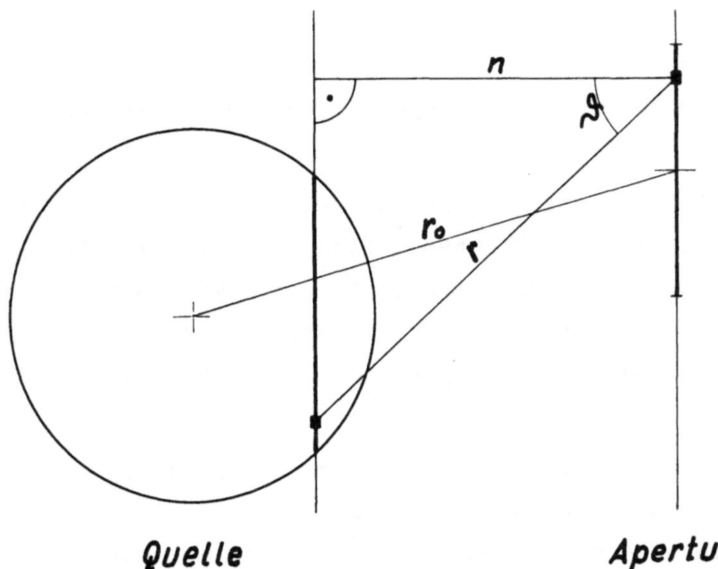

Abb. 4.1. Zur Ermittlung der Korrelationsfunktion bei Raumwinkelberechnungen

zwischen dieser Verbindungslinie und der Flächennormale mit θ und den Normalabstand der Aperturebene und der dazu parallelen, durch den betrachteten Quellenpunkt hindurchgehenden Ebene mit n . Dann lautet die zur Raumwinkelbestimmung zugehörige Korrelationsfunktion

$$C(r,\theta) = \cos\theta/r^2 = n/r^3 = C(r,n) \; . \qquad (4.25)$$

Entgegen der im Kapitel 2 geforderten Voraussetzung, daß der Einfluß eines Quellenpunktes auf einen Sondenpunkt nur vom Abstand r abhängen soll, enthält $C(r,\theta) = C(r,n)$ den Winkelfunktionswert $\cos\theta$ bzw. den Normalabstand n, der von der Lage des betrachteten Quellenpunktes abhängt. Für die Gesamtheit der Quellenpunkte nimmt n im allgemeinen unterschiedliche Werte an, und somit ist die Korrekturformel nicht anwendbar.
Eine wichtige Ausnahme bilden jedoch alle jene Quellen, deren sämtliche Punkte in einer Parallelebene zur Aperturebene liegen (Flächen- und Linienquellen in Parallellage und Punktquellen), denn für diese ist n = konst.= a_{-3}, so daß die Korrelationsfunktion $C(r,n)$ nach Gl.(4.25) die eingangs vorausgesetzte Form

$$C(r) = a_{-3}\, r^{-3} \qquad (4.26)$$

annimmt. Ähnliches gilt auch für die Korrelationsfunktion mancher schwieriger Probleme der Strahlenphysik, wie sie beispielsweise in /24,25/ beschrieben werden.

Die unmittelbare Bestimmung des Raumwinkels mit Hilfe der Korrekturformel ist also auf Flächenquellen in paralleler Lage zur Aperturebene beschränkt; dies schließt jedoch keinesfalls die Zuhilfenahme der Korrekturformel für die Ermittlung des Raumwinkels von Volumsquellen aus. Ein Beispiel dafür behandeln wir in Abschnitt 4.3.3.

Die Kenntnis des Raumwinkels (des Geometriefaktors) ist vielfach bei Absolutmessungen der Strahlenphysik erforderlich (man denke beispielsweise an eine Meßanordnung, bei der die Strahlung einer Quelle durch ein Geiger-Müller-Zählrohr mit Endfenster oder durch einen Oberflächensperrschichtzähler registriert wird); ebenfalls eng verknüpft mit der Raumwinkelberechnung ist die Bestimmung des magnetostatischen Potentials einer stromdurchflossenen Leiterschleife. Es überrascht also nicht, daß sich eine Vielzahl von Autoren diesem Themenkreis gewidmet haben.

Bereits vor einem Jahrhundert stellte Maxwell /26/ für den Raumwinkel, unter dem ein Kreis von einem nicht auf der Symmetrieachse gelegenen Punkt gesehen wird, zwei allgemeine Reihenentwicklungen nach Legendrepolynomen auf (die geometrische Anordnung stimmt mit dem Fall 5 der Tabelle 6.1 mit $r_1 \neq 0$ oder $r_2 \neq 0$ überein). Weitere Beiträge neueren Datums zu demselben Thema finden sich in /27/ und /28/; Tabellen werden in /29/ angegeben.

Mit der Berechnung des (mittleren) Raumwinkels der geometrischen Anordnung zweier koaxialer Kreise (Fall 1 der Tabelle 2.2) setzen sich die Arbeiten /30-39/ auseinander, wobei die Vielfalt der angewandten Verfahren von der Reihenentwicklung und der numerischen Integration bis zur Monte-Carlo-Methode reicht. Für den allgemeinen Fall zweier Kreise in beliebiger Lage wird in /40/ eine Integraldarstellung des Raumwinkels formuliert, das verbleibende dreidimensionale Integral ist numerisch auszuwerten. In /41/ wird der Raumwinkel eines zylindrischen Detektors für eine geneigte zylindrische Quelle mit der Monte-Carlo-Methode bestimmt.

Von besonderem Reiz sind zwei "physikalische" Methoden, die in /32/ bzw. /16/ vorgestellt werden:
Garett nimmt eine Analogie zwischen Induktions- und Raumwinkelberechnungen zu Hilfe und führt für bestimmte geometrische Anordnungen das Problem der Raumwinkelbestimmung auf den Gebrauch bereits vorhandener Tabellen von Gegeninduktionskoeffizienten zurück. Rowlands verweist auf die bestehende Analogie zwischen der Berechnung des durch eine Apertur begrenzten Raumwinkels für eine Punktquelle oder eine ausgedehnte Quelle und der Berechnung von gewissen elektrostatischen Kräften und Energien und zeigt ferner, daß sich diese Raumwinkelberechnungen auf die Bestimmung der elektrostatischen Energie homogen geladener Flächen reduzieren. Im weiteren erläutert Rowlands die allgemeine Methode durch Betrachtung des Raumwinkels bei kreisförmiger und rechtwinkeliger Apertur für

Punkt-, Flächen- und Volumsquellen.

Wir wählen im folgenden drei charakteristische Beispiele (zwei davon stammen aus der eben erwähnten Arbeit) und vergleichen in gewohnter Weise exakte Werte und deren Näherung bei Anwendung der Korrekturformel.

4.3.1. Raumwinkel einer kreisförmigen Apertur für eine auf der Symmetrieachse gelegene Punktquelle

Der Raumwinkel $\Omega(r_o)$ der zur Diskussion stehenden geometrischen Anordnung ist bekanntlich durch

$$\Omega(r_o) = 2\pi\left(1 - \frac{1}{\sqrt{1 + R^2/r_o^2}}\right) \tag{4.27}$$

gegeben, wenn wir wie bisher den Aperturradius mit R und den Mittelpunktsabstand mit r_o bezeichnen.

Die Ermittlung der zugehörigen Näherungswerte $C_m(r_o)$, ... gestaltet sich einfach; denn es genügt, die Gleichungen (4.5) und (4.6) auf den Fall $R' = 0$ zu spezialisieren und weiters die Gleichungen (4.24) zu beachten. Wir erhalten als Ergebnis:

$$K_1^{(1)} = \frac{R^2}{4r_o}, \tag{4.28a}$$

$$K_o^{(2)} = 0, \tag{4.28b}$$

$$K_3^{(1)} = -\frac{R^4}{24r_o^3}, \tag{4.28c}$$

$$K_2^{(2)} = -2r_o\,K_3^{(1)}, \tag{4.28d}$$

$$K_1^{(3)} = 0, \tag{4.28e}$$

$$K_o^{(4)} = 0, \tag{4.28f}$$

$$r_{og} = R \tag{4.29}$$

und

$$C_m(r_o) = \frac{R^2\pi\cos(0)}{r_o^2}\left(1 - \frac{3R^2}{4r_o^2}\right) . \qquad (4.30)$$

In der Tabelle 4.8 sind einige Vergleichswerte der Zahlenrechnung zusammengestellt. Hervorzuheben ist, daß für sehr kleine Mittelpunktsabstände r_o/r_{og} exakte Größen und deren Näherung verhältnismäßig stark voneinander abweichen. Allerdings weisen die hohen Werte der Fehlermaße ($F_{an} > 0.04$, $F_{rn} > 5\%$, $F_q > 5\%$) auf diesen Umstand sehr deutlich hin. Für Entfernungen von etwa $r_o/r_{og} \geq 2.5$ lassen die näherungsweise berechneten Fehler ($F_{rn} \leq 1.82\%$, $F_q \leq 2.67\%$) einen guten Näherungswert K_n erwarten. Tatsächlich erreicht die Korrekturformel bereits für einen Mittelpunktsabstand $r_o/r_{og} < 3.0$ die Genauigkeit von einem Prozent und ist für $r_o/r_{og} \geq 5.0$ genauer als auf ein Promille.

Tabelle 4.8. Vergleichswerte in Abhängigkeit von r_o/r_{og} für den Raumwinkel einer kreisförmigen Apertur für eine auf der Symmetrieachse gelegene Punktquelle

r_o/r_{og}	K	K_n	F_a	F_{an}	F_r	F_{rn}	F_q
1.0	0.5858	0.2500	0.3358	0.6250	57.32	250.00	16.67
1.5	0.7558	0.6667	0.0891	0.1235	11.79	18.52	7.41
2.0	0.8446	0.8125	0.0321	0.0391	3.80	4.81	4.17
2.5	0.8940	0.8800	0.0140	0.0160	1.57	1.82	2.67
3.0	0.9237	0.9167	0.0070	0.0077	0.76	0.84	1.85
3.5	0.9427	0.9388	0.0039	0.0042	0.41	0.44	1.36
4.0	0.9554	0.9531	0.0023	0.0024	0.24	0.26	1.04
4.5	0.9644	0.9630	0.0015	0.0015	0.15	0.16	0.82
5.0	0.9710	0.9700	0.0010	0.0010	0.10	0.10	0.67

Ohne näher darauf einzugehen, sei auf folgenden Zusammenhang verwiesen. Von einem konstanten Faktor abgesehen, beschreibt die Gl.(4.27) auch das magnetostatische Potential $\phi(r_o)$ einer mit Dipolen homogen belegten Kreisfläche (oder einer kreisförmigen, stromdurchflossenen Leiterschleife) in einem auf der Symmetrieachse gelegenen Aufpunkt. Die Entwicklung von Gl.(4.27) für $R/r_o < 1$ stimmt sowohl mit der Entwicklung des Potentials nach magnetostatischen Multipolen ($\phi(r_o) = \sum_{l=o}^{\infty} a_l\, r_o^{-(l+1)}$) als auch mit der Reihenentwicklung (2.4) überein. Der Koeffizient a_o ist stets Null (vgl. auch die Lösung (4.30)), was letztlich darin begründet ist, daß es keine wahren magnetischen Ladungen gibt. Die Korrekturformel beschreibt das Dipol- und das Oktopolfeld; die Multipolfelder gerader Ordnung $l = 2, 4, \ldots$ haben wegen der in Abschnitt 2.2 vorausgesetzten Symmetrie keinen Anteil an der Gesamtlösung.

4.3.2. Raumwinkel einer rechteckigen Apertur für eine rechteckige Quelle

Im folgenden beziehen wir uns auf die geometrische Anordnung 2 der Tabelle 2.2. Die gestrichenen Größen mögen für die Quelle, die ungestrichenen für die Apertur gelten.

Nach Rowlands /16/, Gl.(4.8), wird in unserer Bezeichnungsweise der Raumwinkel $\Omega(r_o)$ der vorliegenden Anordnung durch

$$\Omega(r_o) = \frac{(A'+A)^2}{2A'B'}\left\{ H\left(\frac{B'+B}{A'+A}, \frac{r_o}{A'+A}\right) - H\left(\frac{|B'-B|}{A'+A}, \frac{r_o}{A'+A}\right)\right\} - $$

$$- \frac{|A'-A|^2}{2A'B'}\left\{ H\left(\frac{B'+B}{|A'-A|}, \frac{r_o}{|A'-A|}\right) - H\left(\frac{|B'-B|}{|A'-A|}, \frac{r_o}{|A'-A|}\right)\right\} \tag{4.31}$$

beschrieben, wobei

$$H(p,q) = -\partial F(p,q)/\partial q \tag{4.32}$$

die negative partielle Ableitung nach der Variablen q der in Abschnitt 4.1.2 beschriebenen Funktion F(p,q) bedeutet.

Die für die Vergleichsrechnung benötigten geometrieabhängigen Größen $K_1^{(1)}$, $K_o^{(2)}$, ... haben wir schon in den Gleichungen (4.9) und (4.10) angeschrieben. Unter Beachtung der Beziehungen (4.24) erhalten wir für den Raumwinkel näherungsweise

$$C_m(r_o) = \frac{4AB}{r_o^2}\left(1 - \frac{A'^2 + B'^2 + A^2 + B^2}{2r_o^2}\right) . \qquad (4.33)$$

Numerische Ergebnisse sind in der Tabelle 4.9 zusammengestellt, wobei der Rechnung ein Seitenverhältnis $A' : B' : A : B = 2 : 2 : 6 : 1$ zugrunde liegt. Der Vergleich der Zahlenwerte zeigt ein zufriedenstellendes Ergebnis. Die Korrekturformel erreicht bereits für eine Entfernung $r_o/r_{og} < 2.0$ eine Genauigkeit von einem Prozent und ist für $r_o/r_{og} \geq 3.5$ sogar auf ein Promille genau. Die Werte der Fehlermaße stimmen mit diesem Verhalten überein.

Tabelle 4.9. Vergleichswerte in Abhängigkeit von r_o/r_{og} für den Raumwinkel einer rechteckigen Apertur für eine rechteckige Quelle. Geometrische Anordnung 2 der Tabelle 2.2, $A':B':A:B = 2:2:6:1$

r_o/r_{og}	K	K_n	F_a	F_{an}	F_r	F_{rn}	F_q
1.0	0.7851	0.6918	0.0933	0.1439	11.89	20.80	9.34
1.5	0.8858	0.8630	0.0228	0.0284	2.58	3.29	4.15
2.0	0.9308	0.9229	0.0079	0.0090	0.85	0.97	2.33
2.5	0.9541	0.9507	0.0034	0.0037	0.35	0.39	1.49
3.0	0.9674	0.9658	0.0017	0.0018	0.17	0.18	1.04
3.5	0.9757	0.9748	0.0009	0.0010	0.09	0.10	0.76
4.0	0.9813	0.9807	0.0005	0.0006	0.06	0.06	0.58
4.5	0.9851	0.9848	0.0003	0.0004	0.04	0.04	0.46
5.0	0.9879	0.9877	0.0002	0.0002	0.02	0.02	0.37

4.3.3. Raumwinkel einer rechteckigen Apertur für eine quaderförmige Quelle

Abschließend betrachten wir eine räumliche, quaderförmige Quelle mit den Abmessungen $2A' \times 2B' \times 2C'$ und eine rechteckige Apertur der Größe $2A \times 2B$. Die Apertur und die Querschnittsfläche des Quaders mögen kongruent sein ($A = A'$, $B = B'$), die geometrische Anordnung werde durch die Abb. 4.2 beschrieben.

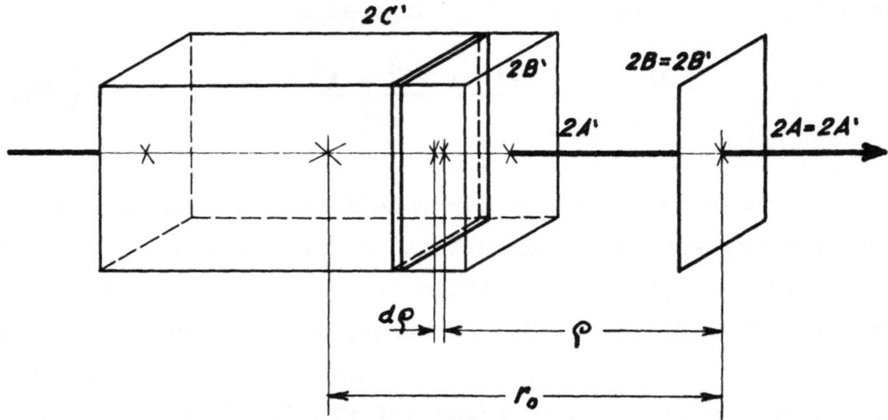

Abb. 4.2. Die betrachtete geometrische Anordnung

Für den Raumwinkel $\Omega(r_o)$ der vorliegenden Anordnung gibt Rowlands /16/, Gl.(4.9), den analytischen Ausdruck

$$\Omega(r_o) = \frac{2A'^2}{B'C'}\left\{F\left(\frac{B'}{A'}, \frac{r_o-C'}{2A'}\right) - F\left(\frac{B'}{A'}, \frac{r_o+C'}{2A'}\right)\right\} \tag{4.34}$$

an, wobei $F(p,q)$ die in Abschnitt 4.1.2 definierte Funktion bedeutet.

Da die Bestimmung des Raumwinkels mit Hilfe der Korrekturformel vom bisher beschrittenen Weg etwas abweicht, skizzieren wir im folgenden den Rechengang. Ausgangspunkt der Berechnung ist zweckmäßigerweise die Beziehung (4.33). Wir erhalten für den differentiellen Raumwinkel $dC_m(\rho)$ (näherungsweise)

$$dC_m(\rho) = \frac{4A'B'}{\rho^2}\left(1 - \frac{A'^2 + B'^2}{\rho^2}\right)\frac{d\rho}{2C'} \tag{4.35}$$

und nach Integration über ρ für den (mittleren) Raumwinkel

$$C_m(r_o) = \int_{r_o-C'}^{r_o+C'} dC_m(\rho) = \frac{2A'B'}{C'}\int_{r_o-C'}^{r_o+C'}\left(\frac{1}{\rho^2} - \frac{A'^2 + B'^2}{\rho^4}\right)d\rho =$$

$$= \frac{2A'B'}{C'}\left\{\left[\frac{1}{r_o-C'} - \frac{1}{r_o+C'}\right] - \frac{A'^2+B'^2}{3}\left[\frac{1}{(r_o-C')^3} - \frac{1}{(r_o+C')^3}\right]\right\}. \tag{4.36}$$

Die Ermittlung des Fehlers F_{an} erfolgt in analoger Weise; die Grenzbedingung (4.10) ist sinngemäß auf den kleinsten Abstand ρ, also auf $r_o - C'$ anzuwenden und lautet daher

$$r_{og} = C' + 2\sqrt{A'^2 + B'^2} . \qquad (4.37)$$

Die folgende Tabelle 4.10 enthält Vergleichswerte der Zahlenrechnung, der ein Seitenverhältnis $A' : B' : C' = 3 : 2 : 5$ zugrunde gelegt wurde. Näherungswerte und exakte Größen stimmen hervorragend überein, was auch dadurch zum Ausdruck kommt, daß bereits für einen Mittelpunktsabstand $r_o/r_{og} = 2.0$ die Korrekturformel genauer als auf ein Promille ist!

Tabelle 4.10. Vergleichswerte in Abhängigkeit von r_o/r_{og} für den Raumwinkel einer rechteckigen Apertur für eine quaderförmige Quelle. Geometrische Anordnung gemäß Abb. 4.2, $A':B':C' = 3:2:5$

r_o/r_{og}	K	K_n	F_a	F_{an}	F_r	F_{rn}	F_q
1.0	1.0709	1.0418	0.0291	0.0383	2.72	3.66	2.62
1.5	1.0339	1.0304	0.0035	0.0038	0.34	0.37	1.16
2.0	1.0195	1.0186	0.0009	0.0010	0.09	0.09	0.66
2.5	1.0126	1.0123	0.0003	0.0004	0.03	0.03	0.42
3.0	1.0088	1.0087	0.0002	0.0002	0.02	0.02	0.29
3.5	1.0065	1.0064	0.0001	0.0001	0.01	0.01	0.21
4.0	1.0050	1.0049	0.0001	0.0000	0.01	0.00	0.16
4.5	1.0040	1.0039	0.0000	0.0000	0.00	0.00	0.13
5.0	1.0032	1.0032	-0.0000	0.0000	-0.00	0.00	0.10

5. Ableitung der Korrekturformel mit Hilfe der Multipolentwicklung

Im vorigen Kapitel wählten wir spezielle Korrelationsfunktionen C(r) und verglichen unsere Ergebnisse mit anderen bekannten theoretischen Lösungen. Bei der Bestimmung des Potentials einer homogenen elektrostatischen Ladungsverteilung und bei der Raumwinkelberechnung stellten wir die Übereinstimmung der Reihenentwicklung (2.4) mit der aus der Theorie der elektromagnetischen Felder bekannten Entwicklung nach statischen Multipolen fest.

Wir beziehen nun im folgenden einen allgemeineren Standpunkt und betrachten das eingangs gestellte Problem der Bestimmung von $C_m(r_o)$ aus der Sicht der Multipolentwicklung. Dies wird uns in mehrfacher Hinsicht Nutzen bringen: Bestehende Zusammenhänge im Aufbau der Korrekturformel werden deutlicher; Quelle und Sonde müssen nicht mehr homogen sein; das in Abschnitt 3.5 diskutierte asymptotische Verhalten von $C_m(r_o)$ wird erneut bestätigt.

5.1. Entwicklung von $C_m(r_o)$ nach verallgemeinerten statischen Multipolen

Zunächst schreiben wir die Gleichung (2.1) in allgemeiner Form an:

$$C_m(r_o) = \int C(|\mathbf{r}-\mathbf{r}'|)\rho(\mathbf{r}')\sigma(\mathbf{r})\, d\mathbf{r}'d\mathbf{r} \ . \qquad (5.1)$$

Dabei soll die Korrelationsfunktion $C(|\mathbf{r}-\mathbf{r}'|)$ ✱) nur vom Betrag des Abstandes von Quell- und Aufpunkt abhängen; $\rho(\mathbf{r}')$ und $\sigma(\mathbf{r})$ bedeuten vorgegebene Dichteverteilungen. Sind diese homogen über einen Bereich $\mathbf{B}'$ bzw. $\mathbf{B}$ und auf eins normiert ($\rho(\mathbf{r}') = 1/B'$, $\sigma(\mathbf{r}) = 1/B$, Integrationsbereiche $\mathbf{B}'$ und $\mathbf{B}$), dann stimmen die Gleichungen (5.1) und (2.1) überein.

✱) Für das mehrfach betrachtete Beispiel aus der Diffusionstheorie wird die Korrelationsfunktion $C(|\mathbf{r}-\mathbf{r}'|)= \exp(-|\mathbf{r}-\mathbf{r}'|/L)/(4\pi D|\mathbf{r}-\mathbf{r}'|)$ in der Literatur "Punkt-Diffusionskern" genannt.

Vorläufig möge $\rho(\mathbf{r}')$ eine vorliegende statische Ladungsverteilung beschreiben und $\sigma(\mathbf{r}) = \delta(\mathbf{r}-\mathbf{r}_o)$, $C(|\mathbf{r}-\mathbf{r}'|) = 1/|\mathbf{r}-\mathbf{r}'|$ sein. $C_m(r_o)$ stellt dann das elektrostatische Potential im Aufpunkt $\mathbf{r}_o$ dar:

$$C_m(r_o) = \int \frac{1}{|\mathbf{r}-\mathbf{r}'|} \rho(\mathbf{r}')\delta(\mathbf{r}-\mathbf{r}_o)\, d\mathbf{r}'d\mathbf{r} = \int \frac{\rho(\mathbf{r}')}{|\mathbf{r}_o-\mathbf{r}'|} d\mathbf{r}' \; . \qquad (5.2)$$

$1/|\mathbf{r}_o-\mathbf{r}'|$ genügt für $\mathbf{r}' \neq \mathbf{r}_o$ der Laplacegleichung $(\Delta_{\mathbf{r}'}\, 1/|\mathbf{r}_o-\mathbf{r}'| = -4\pi\delta(\mathbf{r}_o-\mathbf{r}'))$ und läßt sich daher nach Eigenfunktionen des Laplaceoperators gemäß

$$\frac{1}{|\mathbf{r}_o-\mathbf{r}'|} = \sum_{l'=o,m'=-l'}^{\infty,+l'} a_{l'm'}\, r'^{l'} \sqrt{\frac{4\pi}{2l'+1}}\, Y^{*}_{l'm'}(\theta',\phi') \qquad (5.3)$$

entwickeln, wobei die Entwicklungskoeffizienten $a_{l'm'}$ durch

$$a_{l'm'} = \frac{1}{r_o^{l'+1}} \sqrt{\frac{4\pi}{2l'+1}}\, Y_{l'm'}(\theta_o,\phi_o) \qquad (5.3a)$$

gegeben sind. Die Entwicklung des Potentials nach diesen Eigenfunktionen führt auf die bekannte Multipolentwicklung

$$C_m(r_o) = \sum_{l'=o,m'=-l'}^{\infty,+l'} Q_{l'm'}\, a_{l'm'} \qquad (5.4)$$

mit den elektrostatischen Multipolmomenten

$$Q_{l'm'} = \sqrt{\frac{4\pi}{2l'+1}} \int \rho(\mathbf{r}')r'^{l'}\, Y^{*}_{l'm'}(\theta',\phi')\, d\mathbf{r}' \qquad (5.4a)$$

und den elektrostatischen Multipolfeldern $a_{l'm'}$ (siehe z.B. /42/). Eine beliebige Funktion $C(|\mathbf{r}-\mathbf{r}'|)$ erfüllt im allgemeinen die Laplacegleichung nicht, eine Reihendarstellung der Funktion wird daher eine allgemeinere Form haben.

Für die Beschreibung des Problems wählen wir eine symmetrische Darstellung bezüglich Quelle und Sonde. Wir beziehen uns auf die Abb. 2.1 und führen in X' die Kugelkoordinaten (r',θ',ϕ') und in X die Kugelkoordinaten (r,θ,ϕ) ein. Um eine Verwechslung zu vermei-

den, bezeichnen wir in diesem Kapitel die Eulerwinkel mit α',β',γ' und α,β,γ.
Ein Quellenpunkt wird also in X' durch

$$\mathbf{x}' = r'(\sin\theta'\cos\phi',\sin\theta'\sin\phi',\cos\theta') = r'\mathbf{\Omega}' \tag{5.5}$$

und ein Sondenpunkt in X durch

$$\mathbf{x} = r(\sin\theta\cos\phi,\sin\theta\sin\phi,\cos\theta) = r\mathbf{\Omega} \tag{5.6}$$

beschrieben. Im Koordinatensystem U lauten dann gemäß den Ausführungen vor Gl.(2.12) die zu den Gleichungen (5.5) und (5.6) korrespondierenden Beziehungen

$$\widetilde{\mathbf{x}}' = \mathbf{A}'(\alpha',\beta',\gamma')\mathbf{x}' = r'\mathbf{A}'(\alpha',\beta',\gamma')\mathbf{\Omega}' = r'\widetilde{\mathbf{\Omega}}' \tag{5.7}$$

und

$$\widetilde{\mathbf{x}} = \mathbf{A}(\alpha,\beta,\gamma)\mathbf{x} = r\mathbf{A}(\alpha,\beta,\gamma)\mathbf{\Omega} = r\widetilde{\mathbf{\Omega}}\ ; \tag{5.8}$$

für den Vektor $\mathbf{r}_o$ gilt

$$\mathbf{r}_o = r_o(0,0,1) = r_o\mathbf{\Omega}_o\ , \tag{5.9}$$

wobei $\mathbf{\Omega}_o$ der Einheitsvektor in u_3-Richtung bedeutet.
Man beachte, daß r mit $|\mathbf{x}|$ und nicht mit $|\mathbf{r}|$ übereinstimmt!

Wir beginnen nun damit, $|\mathbf{r}-\mathbf{r}'|$, den Abstand eines Quellenpunktes von einem Sondenpunkt, durch die Größen $\mathbf{x}' = r'\mathbf{\Omega}'$, $\mathbf{r}_o = r_o\mathbf{\Omega}_o$ und $\mathbf{x} = r\mathbf{\Omega}$ auszudrücken. Unter Berücksichtigung der Gleichungen (2.15), (5.7), (5.8) und (5.9) erhalten wir

$$|\mathbf{r}-\mathbf{r}'| = \sqrt{(-r'\mathbf{A}'\mathbf{\Omega}' + r_o\mathbf{\Omega}_o + r\mathbf{A\Omega})(-r'\mathbf{A}'\mathbf{\Omega}' + r_o\mathbf{\Omega}_o + r\mathbf{A\Omega})} =$$

$$= \sqrt{r'^2+r_o^2+r^2-2r'r_o\cos(\mathbf{A}'\mathbf{\Omega}',\mathbf{\Omega}_o)-2r'r\cos(\mathbf{A}'\mathbf{\Omega}',\mathbf{A\Omega})+2rr_o\cos(\mathbf{A\Omega},\mathbf{\Omega}_o)}\ ; \tag{5.10}$$

sind $r' = 0$ und $r = 0$, dann stimmt der Wurzelausdruck mit dem Mittelpunktsabstand r_o überein.

Als nächsten Schritt stellen wir die allgemeine Funktion $C(|\mathbf{r}-\mathbf{r}'|) = C(\sqrt{-"-}) = C(r_o,\Omega_o,\mathbf{A}',\mathbf{A};r',\Omega';r,\Omega)$ durch die folgende, bezüglich Quelle und Sonde symmetrische Reihenentwicklung dar:

$$C(\sqrt{-"-}) = \sum_{\lambda'=o}^{\infty} \sum_{l'=o,m'=-l'}^{\infty,+l'} \sum_{\lambda=o}^{\infty} \sum_{l=o,m=-l}^{\infty,+l}$$

$$a_{l'm'lm}^{\lambda'\ \lambda}\ r'^{\lambda'} \sqrt{\frac{4\pi}{2l'+1}}\, Y^{*}_{l'm'}(\theta',\phi')\ r^{\lambda} \sqrt{\frac{4\pi}{2l+1}}\, Y^{*}_{lm}(\theta,\phi). \quad (5.11)$$

Die Gl.(5.11) stellt eine Verallgemeinerung der Reihenentwicklung (5.3) dar, wobei die Abhängigkeit von r' und r der allgemeinen Funktion $C(\sqrt{-"-})$ durch Potenzreihen berücksichtigt wird.

Wir fahren in der Berechnung fort und setzen für $C(|\mathbf{r}-\mathbf{r}'|)$ in Gl.(5.1) die Reihenentwicklung (5.11) ein. Unter der Voraussetzung der gleichmäßigen Konvergenz dieser Reihe können wir die Integrations- und Summationsfolge vertauschen und erhalten für $C_m(r_o)$ das Ergebnis

$$C_m(r_o) = \sum_{\lambda'=o}^{\infty} \sum_{l'=o,m'=-l'}^{\infty,+l'} \sum_{\lambda=o}^{\infty} \sum_{l=o,m=-l}^{\infty,+l} Q_{l'm'}^{\lambda'}\ P_{lm}^{\lambda}\ a_{l'm'lm}^{\lambda'\ \lambda}\ , \quad (5.12)$$

wobei wir die Abkürzungen

$$Q_{l'm'}^{\lambda'} = \sqrt{\frac{4\pi}{2l'+1}} \int \rho(\mathbf{x}')r'^{\lambda'}\ Y^{*}_{l'm'}(\theta',\phi')\ d\mathbf{x}' \quad (5.12a)$$

und

$$P_{lm}^{\lambda} = \sqrt{\frac{4\pi}{2l+1}} \int \sigma(\mathbf{x})r^{\lambda}\ Y^{*}_{lm}(\theta,\phi)\ d\mathbf{x} \quad (5.12b)$$

verwenden. Wegen der engen Verwandtschaft mit Gl.(5.4) nennen wir die Größen $Q_{l'm'}^{\lambda'}$ und P_{lm}^{λ} "verallgemeinerte statische Multipolmomente", die Größen $a_{l'm'lm}^{\lambda'\ \lambda}$ "verallgemeinerte statische Multipolfelder" oder kürzer "Multipollösungen".
Unter Berücksichtigung der Beziehungen $\phi_o+\pi/2 = -\gamma'$ und $\theta_o = -\beta'$ und der im weiteren angeführten Ergebnisse läßt sich zeigen, daß die Multipollösungen $a_{l'm'oo}^{l'\ o}$ mit den bekannten Multipolfeldern $a_{l'm'}$ übereinstimmen (vgl. Gl.(5.3a)).

5.2. Eigenschaften der Multipollösungen

Die zunächst noch unbekannten Entwicklungskoeffizienten $a^{\lambda'\ \ \lambda}_{l'm'lm}$ der Reihe (5.11) (Multipollösungen) lassen sich mit Hilfe der Beziehung

$$a^{\lambda'\ \ \lambda}_{l'm'lm} = \frac{\sqrt{(2l'+1)(2l+1)}}{4\pi\lambda'!\lambda!} \cdot$$

$$\cdot \int \left| \frac{\partial\lambda'}{\partial r'^{\lambda'}} \frac{\partial\lambda}{\partial r^{\lambda}} C(\sqrt{-"-}\,) \right|_{\substack{r'=o \\ r=o}} Y_{l'm'}(\Omega')Y_{lm}(\Omega)d\Omega' d\Omega \qquad (5.13)$$

ermitteln, was leicht zu beweisen ist. Man braucht nur die angeschriebenen Rechenoperationen auf die Gl.(5.11) anwenden und die Orthogonalität der Kugelflächenfunktionen berücksichtigen.

Eine weitere Aussage über die Entwicklungskoeffizienten folgt unmittelbar aus der Symmetrieeigenschaft der durch die Reihe (5.11) dargestellten Funktion $C(\sqrt{-"-}\,)$:

$$C(\ldots;r',\Omega';\ldots) = C(\ldots;-r',-\Omega';\ldots). \qquad (5.14)$$

Wegen der bekannten Zusammenhänge

$$(-r')^{\lambda'} = (-1)^{\lambda'} r'^{\lambda'}, \qquad (5.15)$$

$$Y^{*}_{l'm'}(\pi-\theta',\phi'+\pi) = (-1)^{l'} Y^{*}_{l'm'}(\theta',\phi') \qquad (5.16)$$

und der Gültigkeit der Gl.(5.14) für beliebige Werte $(r',\theta',\phi';\ r,\theta,\phi)$ muß gelten:

$$a^{\lambda'\ \ \lambda}_{l'm'lm} = a^{\lambda'\ \ \lambda}_{l'm'lm}(-1)^{\lambda'+l'}; \qquad (5.17)$$

analoge Überlegungen in ungestrichenen Größen, die von der Symmetrieeigenschaft

$$C(\ldots;\ldots;r,\Omega) = C(\ldots;\ldots;-r,-\Omega) \qquad (5.18)$$

ausgehen, führen auf die korrespondierende Beziehung

$$a^{\lambda' \ \lambda}_{l'm'lm} = a^{\lambda' \ \lambda}_{l'm'lm} (-1)^{\lambda+l} . \tag{5.19}$$

Die Entwicklungskoeffizienten $a^{\lambda' \ \lambda}_{l'm'lm}$ verschwinden also, wenn $\lambda'+l'$ oder $\lambda+l$ ungerade sind.

Darüber hinaus besitzen die Koeffizienten $a^{\lambda' \ \lambda}_{l'm'lm}$ auch noch eine andere wesentliche Eigenschaft; für $l' > \lambda'$ oder $l > \lambda$ sind sie ebenfalls Null. Der Grund dafür liegt in der speziellen Form des Argumentes der Funktion $C(\sqrt{-"-})$. Führt man nämlich die in Gl.(5.13) angeschriebenen Differentiationen nach r' und r aus und setzt im Ergebnis $r' = 0$ und $r = 0$, dann enthält der berechnete Ausdruck im wesentlichen nur Summanden der Form

$$\cos^{l_1}(\mathbf{A}'\Omega', \Omega_0) \cos^{l_2}(\mathbf{A}'\Omega', \mathbf{A}\Omega) \cos^{l_3}(\mathbf{A}\Omega, \Omega_0) \ ; \tag{5.20}$$

dabei sind l_1, l_2, l_3 natürliche Zahlen oder Null

$$l_1,\ l_2,\ l_3 \geq 0 \tag{5.20a}$$

und es gilt

$$l_2 + l_1 \leq \lambda', \tag{5.20b}$$

$$l_2 + l_3 \leq \lambda . \tag{5.20c}$$

Da sich aber die Summanden (5.20) stets in der Form

$$\sum_{L'=o,M'=-L'}^{l_2+l_1,\ +L'} \ \sum_{L=o,M=-L}^{l_2+l_3,+L} c_{L'M'LM} \ Y^{*}_{L'M'}(\Omega') \ Y^{*}_{LM}(\Omega) \tag{5.21}$$

darstellen lassen, wobei als höchste Ordnungen $L' = l_2+l_1 \leq \lambda'$ und $L = l_2+l_3 \leq \lambda$ auftreten, ist es leicht, die oben aufgestellte Behauptung zu beweisen. Nach Gl.(5.13) ist auf die einzelnen Summanden vom Typ (5.21) die Rechenoperation

$$\frac{\sqrt{(2l'+1)(2l+1)}}{4\pi\lambda'!\lambda!} \int \ldots\ldots\ldots\ldots \ Y_{l'm'}(\Omega') \ Y_{lm}(\Omega) \ d\Omega' d\Omega \tag{5.22}$$

anzuwenden, und dies liefert wegen der Orthogonalität der Kugel-

flächenfunktionen für $l' > \lambda'$ oder $l > \lambda$ nur mit Null identische Entwicklungskoeffizienten $a^{\lambda'\ \lambda}_{l'm'lm}$.
Die Gültigkeit der Darstellung (5.21) folgt aus der im nächsten Abschnitt bewiesenen Formel (5.35) und dem Umstand, daß sich die einzelnen Faktoren $\cos^{l_i}(\ )$ $(i = 1,2,3)$ des Produktes (5.20) stets durch eine Summe von Legendrepolynomen der höchsten Ordnung l_i ausdrücken lassen.

5.3. Eine Hilfsformel für die Berechnung der Multipollösungen

Bei der expliziten Berechnung der Multipollösungen $a^{\lambda'\ \lambda}_{l'm'lm}$ wird mehrfach die Darstellung des Produktes dreier Legendrepolynome durch Kugelflächenfunktionen, entsprechend der Beziehung

$$P_{l_1}[\cos(\mathbf{A}'\Omega',\Omega_o)]\ P_{l_2}[\cos(\mathbf{A}'\Omega',\mathbf{A}\Omega)]\ P_{l_3}[\cos(\mathbf{A}\Omega,\Omega_o)] =$$

$$= \sum_{L'=|l_2-l_1|,M'=-L'}^{l_2+l_1\ ,\ +L'}\ \sum_{L=|l_2-l_3|,M=-L}^{l_2+l_3\ ,\ +L} \bar{c}_{L'M'LM}\ Y^{*}_{L'M'}(\Omega')\ Y^{*}_{LM}(\Omega)\ , \tag{5.23}$$

mit $l_1,l_2,l_3 \geq 0$, benötigt. Deshalb geben wir im folgenden die einzelnen Rechenschritte an, die auf eine solche Formel führen. Alle angeführten Beziehungen werden ausführlich in /43/ erörtert. Die vorliegende Aufgabe findet eine Parallele in der Quantentheorie; vgl. etwa in /44/ die Abschnitte "Zusammensetzung von zwei Drehimpulsen zu einem Gesamtdrehimpuls" und "Die Darstellungen der dreidimensionalen Drehgruppe".

Wir betrachten zunächst den allgemeinen Fall $l_1,l_2,l_3 \neq 0$. Im wesentlichen sind die folgenden vier Rechenschritte erforderlich:

1. Darstellung der Legendrepolynome durch Kugelflächenfunktionen deren Argumente $\tilde{\Omega}' = \mathbf{A}'\Omega'$ und $\tilde{\Omega} = \mathbf{A}\Omega$ (siehe die Gleichungen (5.7) und (5.8)) sich auf das Koordinatensystem U beziehen:

$$P_{l_1}[\cos(\tilde{\Omega}',\Omega_o)] = \sqrt{\frac{4\pi}{2l_1+1}}\ Y^{*}_{l_1 o}(\tilde{\Omega}')\ , \tag{5.24}$$

$$P_{l_2}[\cos(\tilde{\Omega}',\tilde{\Omega})] = \sum_{n=-l_2}^{+l_2} \sqrt{\frac{4\pi}{2l_2+1}}\, Y^{*}_{l_2 n}(\tilde{\Omega}') \sqrt{\frac{4\pi}{2l_2+1}}\, Y_{l_2 n}(\tilde{\Omega}), \quad (5.25)$$

$$P_{l_3}[\cos(\tilde{\Omega},\Omega_o)] = \sqrt{\frac{4\pi}{2l_3+1}}\, Y_{l_3 o}(\tilde{\Omega}). \quad (5.26)$$

2. Entwicklung des Produktes zweier Kugelflächenfunktionen gleichen Argumentes als Linearkombination von Kugelflächenfunktionen dieses Argumentes:

$$\sqrt{\frac{4\pi}{2l_2+1}}\, Y^{*}_{l_2 n}(\tilde{\Omega}') \sqrt{\frac{4\pi}{2l_1+1}}\, Y^{*}_{l_1 o}(\tilde{\Omega}') =$$

$$= (-1)^n \sum_{L'=|l_2-l_1|}^{l_2+l_1} (2L'+1) \begin{pmatrix} l_2 & l_1 & L' \\ n & 0 & -n \end{pmatrix} \begin{pmatrix} l_2 & l_2 & L' \\ 0 & 0 & 0 \end{pmatrix} \sqrt{\frac{4\pi}{2L'+1}}\, Y^{*}_{L'n}(\tilde{\Omega}'), \quad (5.27)$$

$$\sqrt{\frac{4\pi}{2l_2+1}}\, Y_{l_2 n}(\tilde{\Omega}) \sqrt{\frac{4\pi}{2l_3+1}}\, Y_{l_3 o}(\tilde{\Omega}) =$$

$$= (-1)^n \sum_{L=|l_2-l_3|}^{l_2+l_3} (2L+1) \begin{pmatrix} l_2 & l_3 & L \\ n & 0 & -n \end{pmatrix} \begin{pmatrix} l_2 & l_2 & L \\ 0 & 0 & 0 \end{pmatrix} \sqrt{\frac{4\pi}{2L+1}}\, Y_{Ln}(\tilde{\Omega}). \quad (5.28)$$

Dabei bedeuten

$$\begin{pmatrix} j_1 & j_2 & j_3 \\ m_1 & m_2 & m_3 \end{pmatrix}$$

die bekannten 3-j-Koeffizienten von Wigner.

3. Berücksichtigung der Verdrehung der Koordinatensysteme X' und X gegenüber dem Koordinatensystem U mit den zugehörigen Drehoperatoren $\mathbf{A}'(\alpha',\beta',\gamma')$ und $\mathbf{A}(\alpha,\beta,\gamma)$:

$$Y^{*}_{L'n}(\tilde{\Omega}') = \sum_{M'=-L'}^{+L'} D^{L'}(\mathbf{A}')_{nM'}\, Y^{*}_{L'M'}(\Omega'), \quad (5.29)$$

$$D^{L'}(\mathbf{A}')_{nM'} = i^{n-M'}\, e^{-in\alpha'}\, d^{L'}_{nM'}(\beta')\, e^{-iM'\gamma'}; \quad (5.29a)$$

$$Y_{Ln}(\tilde{\Omega}) = \sum_{M=-L}^{+L} D^L(\mathbf{A})^*_{nM}\, Y_{LM}(\Omega), \qquad (5.30)$$

$$D^L(\mathbf{A})^*_{nM} = i^{M-n}\, e^{in\alpha}\, d^L_{nM}(\beta)\, e^{iM\gamma}. \qquad (5.30a)$$

Dabei sind $D^l(\mathbf{A})_{mn}$ die Matrixelemente des Drehoperators **A** und $d^l_{mn}(\beta)$ Matrizen, die sich beispielsweise mit Hilfe der "verallgemeinerten" Formel von Rodriguez

$$d^l_{mn}(\beta) = \frac{\sin^{n-m}\beta(1+\cos\beta)^m}{2^l\sqrt{(l+m)!(l-m)!}}\sqrt{\frac{(l-n)!}{(l+n)!}}\, \cdot$$

$$\cdot\ \frac{d^{l+n}}{d(\cos\beta)^{l+n}}\left[(\cos\beta-1)^{l+m}(\cos\beta+1)^{l-m}\right] \qquad (5.31)$$

berechnen lassen. Für $m = n = 0$ stimmt die Formel (5.31) mit der Formel von Rodriguez überein:

$$d^l_{oo}(\beta) = \frac{1}{2^l l!}\,\frac{d^l}{d(\cos\beta)^l}(\cos^2\beta-1)^l = P_l(\cos\beta). \qquad (5.32)$$

4. Umformung der Ergebnisse unter Beachtung der Beziehungen

$$d^L_{nM}(\beta) = (-1)^{M-n}\, d^L_{-n-M}(\beta), \qquad (5.33)$$

$$Y_{LM}(\Omega) = (-1)^M\, Y^*_{L-M}(\Omega). \qquad (5.34)$$

Als endgültige Formel erhalten wir:

$$P_{l_1}[\cos(\mathbf{A}'\Omega',\Omega_o)]\; P_{l_2}[\cos(\mathbf{A}'\Omega',\mathbf{A}\Omega)]\; P_{l_3}[\cos(\mathbf{A}\Omega,\Omega_o)] =$$

$$= 4\pi \sum_{n=-l_2}^{+l_2} e^{-in(\alpha'-\alpha+\pi)}\ \cdot$$

$$\cdot \sum_{L'=|l_2-l_1|}^{l_2+l_1} \sqrt{2L'+1}\begin{pmatrix} l_2 & l_1 & L' \\ n & 0 & -n\end{pmatrix}\begin{pmatrix} l_2 & l_2 & L' \\ 0 & 0 & 0\end{pmatrix}\sum_{M'=-L'}^{+L'} d^{L'}_{nM'}(\beta')\, e^{-iM'(\gamma'+\frac{\pi}{2})}.$$

$$\cdot \sum_{L=|l_2-l_3|}^{l_2+l_3} \sqrt{2L+1} \begin{pmatrix} l_2 & l_3 & L \\ n & 0 & -n \end{pmatrix} \begin{pmatrix} l_2 & l_2 & L \\ 0 & 0 & 0 \end{pmatrix} \sum_{M=-L}^{+L} d^{L}_{-nM}(\beta) e^{-iM(\gamma+\frac{\pi}{2})} \cdot$$

$$\cdot Y^{*}_{L'M'}(\Omega') \, Y^{*}_{LM}(\Omega) . \tag{5.35}$$

Für die Sonderfälle mit jeweils nur einem von Null verschiedenen l_i ($i = 1,2,3$) lautet die Formel (5.35):

$$P_{l_1}\left[\cos(A'\Omega',\Omega_o)\right] =$$

$$= \frac{4\pi}{\sqrt{2l_1+1}} \sum_{M'=-l_1}^{+l_1} d^{l_1}_{oM'}(\beta') \, e^{-iM'(\gamma'+\frac{\pi}{2})} \, Y^{*}_{l_1M'}(\Omega') \, Y^{*}_{oo}(\Omega) , \tag{5.36}$$

$$P_{l_2}\left[\cos(A'\Omega',A\Omega)\right] =$$

$$= \frac{4\pi}{2l_2+1} \sum_{n=-l_2}^{+l_2} e^{-in(\alpha'-\alpha+\pi)} \cdot$$

$$\cdot \sum_{M'=-l_2}^{+l_2} d^{l_2}_{nM'}(\beta') \, e^{-iM'(\gamma'+\frac{\pi}{2})} \sum_{M=-l_2}^{+l_2} d^{l_2}_{-nM}(\beta) \, e^{-iM(\gamma+\frac{\pi}{2})} \cdot$$

$$\cdot Y^{*}_{l_2M'}(\Omega') \, Y^{*}_{l_2M}(\Omega) , \tag{5.37}$$

$$P_{l_3}\left[\cos(A\Omega,\Omega_o)\right] =$$

$$= \frac{4\pi}{\sqrt{2l_3+1}} \sum_{M=-l_3}^{+l_3} d^{l_3}_{oM}(\beta) \, e^{-iM(\gamma+\frac{\pi}{2})} \, Y^{*}_{oo}(\Omega') \, Y^{*}_{l_3M}(\Omega) . \tag{5.38}$$

5.4. Allgemeine Folgerungen für den Aufbau von $C_m(r_o)$

Unter Berücksichtigung der in Abschnitt 5.2 angegebenen Eigenschaften der Multipollösungen $a^{\lambda'}_{l'm'}{}^{\lambda}_{lm}$ ergibt sich gemäß Gl.(5.12) für $C_m(r_o)$ die in Abb. 5.1 gezeigte schematische Darstellung. Die Zeilen dieser quadratischen unendlichen Matrix beschreiben den Einfluß der Quelle, die Spalten der Matrix den Einfluß der Sonde auf das Ergebnis $C_m(r_o)$; jedes Kästchen steht stellvertretend für einen möglicherweise auftretenden Summanden $Q^{\lambda'}_{l'm'}\ P^{\lambda}_{lm}\ a^{\lambda'}_{l'm'}{}^{\lambda}_{lm}$.

Die drei Sonderfälle einer punktförmigen, einer kugelsymmetrischen und einer rotationssymmetrischen Quelle werden der Reihe nach ausschließlich durch Summanden mit $\lambda' = 0$, $l' = 0$ und $m' = 0$ beschrieben, weil alle übrigen Multipolmomente $Q^{\lambda'}_{l'm'}$ jeweils verschwinden. Analoges gilt in ungestrichenen Größen für Sonden.

Wegen $\lambda' = 0$ bestimmt die erste Zeile der Matrix den Fall einer punktförmigen Quelle und einer allgemeinen Sonde. Analog liefert die erste Spalte der Matrix ($\lambda = 0$) die Feldverteilung einer allgemeinen Quelle.
Als Folge des Bildungsgesetzes (5.13) für die Multipollösungen enthalten die Glieder der Reihe (5.12) mit $\lambda'+\lambda > 0$ Ableitungen $\{d^nC(r)/dr^n\}|_{r=r_o}$ bis zur höchsten Ordnung $n = \lambda'+\lambda$. Der Summand mit $\lambda' = 0$ und $\lambda = 0$ (punktförmige Quelle und punktförmige Sonde) ergibt gerade $C(r_o)$.

Im weiteren beschränken wir uns wie in Abschnitt 2.2 auf symmetrische Quellen und Sonden. Für diese liefern nur die Reihenglieder mit geradem l' und geradem l einen Beitrag zu $C_m(r_o)$ - sie entsprechen den in Abb. 5.1 hervorgehobenen Kästchen - , weil sowohl die Multipolmomente $Q^{\lambda'}_{l'm'}$ mit ungeradem l' als auch die Multipolmomente P^{λ}_{lm} mit ungeradem l verschwinden.
Wir vergleichen nun die Multipolentwicklung (5.12) mit der Reihenentwicklung (2.4a). Unter Berücksichtigung der zuletzt angeführten Eigenschaft der Multipollösungen und der Gleichungen (2.23) erhalten wir als Ergebnis eines Dimensionsvergleiches für die Summanden

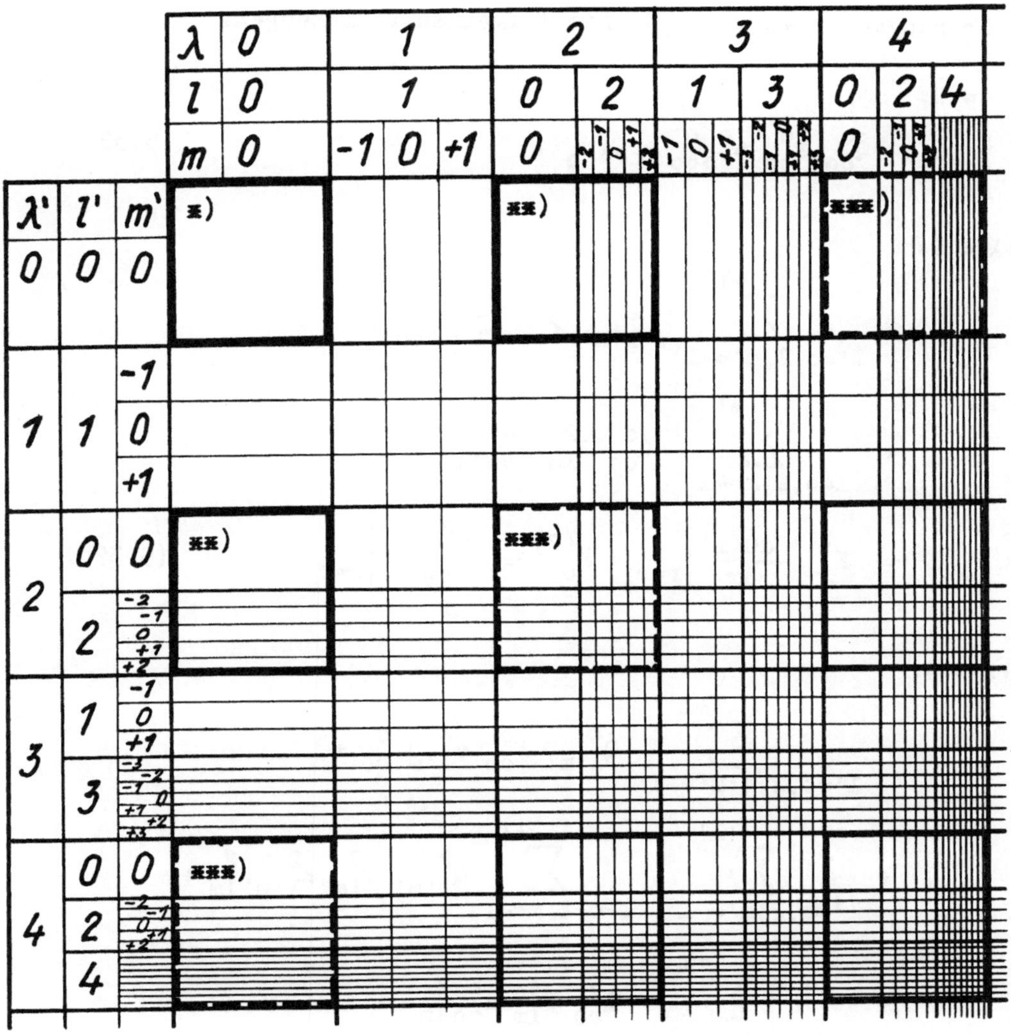

λ′	l′	m′	λ=0, l=0, m=0	λ=1, l=1, m=−1 0 +1	λ=2, l=0, m=0	λ=2, l=2, m=−2 −1 0 +1 +2	λ=3, l=1, m=−1 0 +1	λ=3, l=3, m=−3 −2 −1 0 +1 +2 +3	λ=4, l=0, m=0	λ=4, l=2, m=−2 −1 0 +1 +2	λ=4, l=4
0	0	0	*)		**)				***)		
1	1	−1, 0, +1									
2	0	0	**)		***)						
2	2	−2, −1, 0, +1, +2									
3	1	−1, 0, +1									
3	3	−3, −2, −1, 0, +1, +2, +3									
4	0	0	***)								
4	2	−2, −1, 0, +1, +2									
4	4										

*) $\lambda'+\lambda = 0$: $C(r_o)$

**) $\lambda'+\lambda = 2$: $K_1^{(1)} \frac{dC(r)}{dr}\Big|_{r=r_o} + K_o^{(2)} \frac{1}{2!} \frac{d^2C(r)}{dr^2}\Big|_{r=r_o}$

(*) and **): Korrekturformel (2.27))

***) $\lambda'+\lambda = 4$: $K_3^{(1)} \frac{dC(r)}{dr}\Big|_{r=r_o} + K_2^{(2)} \frac{1}{2!} \frac{d^2C(r)}{dr^2}\Big|_{r=r_o} + K_1^{(3)} \frac{1}{3!} \frac{d^3C(r)}{dr^3}\Big|_{r=r_o} + K_o^{(4)} \frac{1}{4!} \frac{d^4C(r)}{dr^4}\Big|_{r=r_o}$

Beitrag der Korrekturglieder höherer Ordnung

Abb. 5.1. Schematische Darstellung von $C_m(r_o)$

der Ordnungen $\lambda'+\lambda = 0,2,4$ die folgenden Beziehungen:

$\lambda'+\lambda = 0$:

$$Q^{o}_{oo}\ P^{o}_{oo}\ a^{o\ o}_{oooo} = C(r_o), \tag{5.39a}$$

$\lambda'+\lambda = 2$:

$$\sum_{l'=o,2;m'=-l'}^{+l'} Q^{2}_{l'm'}\ P^{o}_{oo}\ a^{2\ \ \ o}_{l'm'oo} + \sum_{l=o,2;m=-l}^{+l} Q^{o}_{oo}\ P^{2}_{lm}\ a^{o\ 2}_{oolm} = K^{(1)}_{1} \frac{dC(r)}{dr}\bigg|_{r=r_o} + K^{(2)}_{o} \frac{1}{2!} \frac{d^2C(r)}{dr^2}\bigg|_{r=r_o}, \tag{5.39b}$$

$\lambda'+\lambda = 4$:

$$\sum_{l'=o,2,4;m'=-l'}^{+l'} Q^{4}_{l'm'}\ P^{o}_{oo}\ a^{4\ \ \ o}_{l'm'oo} + \sum_{l'=o,2;m'=-l'}^{+l'} \sum_{l=o,2;m=-l}^{+l} Q^{2}_{l'm'}\ P^{2}_{lm}\ a^{2\ \ \ 2}_{l'm'lm} + \sum_{l=o,2,4;m=-l}^{+l} Q^{o}_{oo}\ P^{4}_{lm}\ a^{o\ 4}_{oolm} =$$
$$= K^{(1)}_{3} \frac{dC(r)}{dr}\bigg|_{r=r_o} + K^{(2)}_{2} \frac{1}{2!} \frac{d^2C(r)}{dr^2}\bigg|_{r=r_o} + K^{(3)}_{1} \frac{1}{3!} \frac{d^3C(r)}{dr^3}\bigg|_{r=r_o} + K^{(4)}_{o} \frac{1}{4!} \frac{d^4C(r)}{dr^4}\bigg|_{r=r_o}. \tag{5.39c}$$

Die Korrekturformel (2.27) berücksichtigt also alle Summanden der Multipolentwicklung bis zur Ordnung $\lambda'+\lambda = 2$; der Beitrag der Korrekturglieder höherer Ordnung (vgl. Abschnitt 3.1) stimmt mit den Summanden der Ordnung $\lambda'+\lambda = 4$ überein.

Die Abb. 5.1 und die Gleichungen (5.39b) und (5.39c) bestätigen die in den Abschnitten 2.3 und 3.4 gemachte Erfahrung: Bei der Berechnung der Korrekturkoeffizienten $K_1^{(1)}$ und $K_o^{(2)}$ $(\lambda'+\lambda = 2)$ können die Einflüsse von Quelle und Sonde zunächst getrennt ermittelt und dann summiert werden. Dies ist bei den Korrekturkoeffizienten höherer Ordnung $K_3^{(1)}$, $K_2^{(2)}$, $K_1^{(3)}$ und $K_o^{(4)}$ $(\lambda'+\lambda = 4)$ wegen des Auftretens von Summanden, für die weder $\lambda' = 0$ noch $\lambda = 0$ gilt, nicht mehr möglich. Es kommt hier auf die jeweils vorliegende Kombination der Quellen- und Sondenform an, wobei - dies zeigt anschaulich die Symmetrie der Matrix in Abb. 5.1 - Quelle und Sonde nicht wesentlich unterschieden werden.

5.5. Die Korrekturkoeffizienten $K_1^{(1)}$, $K_o^{(2)}$ und die Korrekturkoeffizienten höherer Ordnung $K_3^{(1)}$, $K_2^{(2)}$, $K_1^{(3)}$, $K_o^{(4)}$

Wie wir den Gleichungen (5.39b) und (5.39c) entnehmen können, lassen sich die Korrekturkoeffizienten $K_1^{(1)}$, $K_o^{(2)}$ und die Korrekturkoeffizienten höherer Ordnung $K_3^{(1)}$, $K_2^{(2)}$, $K_1^{(3)}$, $K_o^{(4)}$ durch eine Summe von Produkten von Multipolmomenten ausdrücken. Voraussetzung hiefür ist die explizite Kenntnis der Multipollösungen der Ordnungen $\lambda'+\lambda = 2$ und $\lambda'+\lambda = 4$, deren Berechnung nach Gl.(5.13) mit Hilfe der in Abschnitt 5.3 angegebenen Formeln zügig durchführbar ist. Wir verzichten im folgenden auf die Wiedergabe der einzelnen, etwas mühsamen Rechenschritte und führen nur die Ergebnisse an.

Die Korrekturkoeffizienten $K_j^{(i)}$ lassen sich allgemein in der Form

$$K_j^{(i)} = \frac{1}{r_o^j} \sum {}_n c_{l'l}^{\lambda'\lambda} \; \mathrm{Re} \Big[e^{-in(\alpha'-\alpha)} \cdot \sum_{m'=-l'}^{+l'} Q_{l'm'}^{\lambda'} \, d_{nm'}^{l'}(\beta') \, e^{-im'(\gamma'+\frac{\pi}{2})} \sum_{m=-l}^{+l} P_{lm}^{\lambda} \, d_{-nm}^{l}(\beta) \, e^{-im(\gamma+\frac{\pi}{2})} \Big] \tag{5.40}$$

darstellen. Dabei bedeuten r_o der Mittelpunktsabstand von Quelle und Sonde und ${}_nc_{l'l}^{\lambda'\lambda}$ bestimmte Beiwerte. Die Verdrehungen der Koordinatensysteme X' und X gegenüber dem Koordinatensystem U werden durch die Eulerwinkel α',β',γ' und α,β,γ beschrieben. Für die Multipolmomente $Q_{l'm'}^{\lambda'}$ und P_{lm}^{λ} und die Matrizen $d_{nm'}^{l'}(\beta')$, $d_{-nm}^{l}(\beta)$ gelten der Reihe nach die Beziehungen (5.12a), (5.12b) und (5.31).

Die Beiwerte ${}_nc_{l'l}^{\lambda'\lambda}$ der Korrekturkoeffizienten $K_1^{(1)}$, $K_3^{(1)}$, $K_o^{(2)}$, $K_2^{(2)}$, $K_1^{(3)}$ und $K_o^{(4)}$ sind in den Tabellen 5.1 - 5.4 festgehalten. Soferne sich die Beiwerte nicht in schräg unterteilten Kästchen befinden, beziehen sie sich ausschließlich auf den Fall $n = 0$. Ansonsten soll von links oben nach rechts unten der Reihe nach $n = 0,1,\ldots$ gelten.
In den Abschnitten 5.6 und 8.1 geben wir Anwendungsbeispiele für den Gebrauch der Tabellen 5.1 - 5.4 an.

In Gl.(5.40) tritt erwartungsgemäß die Differenz $(\alpha'-\alpha)$ als Argument auf, weil ja eine gemeinsame Drehung von Quelle und Sonde um die mittelpunktsverbindende u_3-Achse keinen Einfluß auf $C_m(r_o)$ haben darf. Aus demselben Grund müssen sich auch für $\beta' = 0$ die Summanden der Reihe (5.40) als Funktion von $[(\alpha'+\gamma')-\alpha]$ darstellen lassen, was sich mit Hilfe der Beziehung

$$d_{nm'}^{l'}(0) = \delta_{nm'} \tag{5.41}$$

leicht zeigen läßt. Selbstverständlich ist bei rotationssymmetrischen Quellen ($m' = 0$) eine Drehung um den Eulerwinkel γ' für das Ergebnis belanglos. Analoges gilt in ungestrichenen Größen für die Sonden.

Der Einfluß einer gegenseitigen Verdrehung von Quelle und Sonde um die u_3-Achse um den Winkel $(\alpha'-\alpha)$ auf $C_m(r_o)$ wird in Gl.(5.40) durch Summanden mit $n > 0$ berücksichtigt. Diese treten, wie die Tabellen 5.1 - 5.4 zeigen, bei den Korrekturkoeffizienten $K_3^{(1)}$, $K_2^{(2)}$ und $K_1^{(3)}$ auf, soferne für die betrachtete Kombination von

Tabelle 5.1.

Beiwerte ${}_nc_{l'l}^{\lambda'\lambda}$ der Korrekturkoeffizienten $K_1^{(1)}$ und $K_3^{(1)}$

	λ	0	2		4		
	l	0	0	2	0	2	4
λ'	l'						
0	0		$\frac{1}{3}$	$-\frac{1}{3}$	0	$\frac{1}{7}$	$-\frac{1}{7}$
2	0	$\frac{1}{3}$	0	$\frac{1}{3}$			
	2	$-\frac{1}{3}$	$\frac{1}{3}$	-2/3 / -4/3 / -2/3			
4	0	0					
	2	$\frac{1}{7}$					
	4	$-\frac{1}{7}$					

Tabelle 5.2.

Beiwerte ${}_nc_{l'l}^{\lambda'\lambda}$ der Korrekturkoeffizienten $K_0^{(2)}$ und $K_2^{(2)}$

	λ	0	2		4		
	l	0	0	2	0	2	4
λ'	l'						
0	0		$\frac{1}{3}$	$\frac{2}{3}$	0	$-\frac{2}{7}$	$\frac{2}{7}$
2	0	$\frac{1}{3}$	0	$-\frac{2}{3}$			
	2	$\frac{2}{3}$	$-\frac{2}{3}$	4/3 / 8/3 / 4/3			
4	0	0					
	2	$-\frac{2}{7}$					
	4	$\frac{2}{7}$					

Tabelle 5.3.

Beiwerte ${}_{n}c_{l'l}^{\lambda'\lambda}$ des Korrekturkoeffizienten $K_1^{(3)}$

	λ	0	2		4		
	l	0	0	2	0	2	4
λ'	l'						
0	0				$\frac{1}{5}$	$\frac{1}{7}$	$-\frac{12}{35}$
2	0		$\frac{2}{3}$	$\frac{1}{3}$			
	2		$\frac{1}{3}$	$-4/3$ / -4			
4	0	$\frac{1}{5}$					
	2	$\frac{1}{7}$					
	4	$-\frac{12}{35}$					

Tabelle 5.4.

Beiwerte ${}_{n}c_{l'l}^{\lambda'\lambda}$ des Korrekturkoeffizienten $K_o^{(4)}$

	λ	0	2		4		
	l	0	0	2	0	2	4
λ'	l'						
0	0				$\frac{1}{5}$	$\frac{4}{7}$	$\frac{8}{35}$
2	0		$\frac{2}{3}$	$\frac{4}{3}$			
	2		$\frac{4}{3}$	$\frac{8}{3}$			
4	0	$\frac{1}{5}$					
	2	$\frac{4}{7}$					
	4	$\frac{8}{35}$					

Quelle und Sonde ein Summand mit $l' = 2$ und $l = 2$ vorhanden ist. Dieses Ergebnis überrascht uns nicht, denn $C_m(r_o)$ muß beispielsweise für eine Anordnung Kugel-Zylinder gegenüber einer gegenseitigen Verdrehung von Quelle und Sonde invariant sein, während dies jedoch für eine Anordnung Zylinder-Zylinder im allgemeinen nicht der Fall sein darf (vgl. die Gleichungen (3.22)ff.).

5.6. Asymptotische Feldverteilung einer kugelförmigen Quelle

Wir betrachten im folgenden die asymptotische Feldverteilung um eine kugelförmige Quelle aus der Sicht der Multipolentwicklung. Ausgangspunkt der Berechnung sind die Gleichungen (5.39) und (5.40). Für eine kugelsymmetrische Quelle ($\rho(\mathbf{x}') = \rho(r')$) und eine punktförmige Sonde ($\sigma(\mathbf{x}) = \delta(\mathbf{x})$) genügt es, nur die Summanden mit $l' = 0$ und $\lambda = 0$ zu berücksichtigen. Mit Hilfe der Tabellen 5.1 - 5.4 erhalten wir für die Feldverteilung im Abstand r_o:

$$C_m(r_o) =$$

$$= C(r_o) + \qquad (\lambda'+\lambda = 0)$$

$$+ \left(\frac{1}{r_o}\frac{1}{3}Q^2_{oo}P^o_{oo}\right)\frac{dC(r)}{dr}\Big|_{r=r_o} + \left(\frac{1}{3}Q^2_{oo}P^o_{oo}\right)\frac{1}{2!}\frac{d^2C(r)}{dr^2}\Big|_{r=r_o} + \qquad (\lambda'+\lambda = 2)$$

$$+ \left(\frac{1}{r_o^3}\,0\,Q^4_{oo}P^o_{oo}\right)\frac{dC(r)}{dr}\Big|_{r=r_o} + \left(\frac{1}{r_o^2}\,0\,Q^4_{oo}P^o_{oo}\right)\frac{1}{2!}\frac{d^2C(r)}{dr^2}\Big|_{r=r_o} +$$

$$+ \left(\frac{1}{r_o}\frac{1}{5}Q^4_{oo}P^o_{oo}\right)\frac{1}{3!}\frac{d^3C(r)}{dr^3}\Big|_{r=r_o} + \left(\frac{1}{5}Q^4_{oo}P^o_{oo}\right)\frac{1}{4!}\frac{d^4C(r)}{dr^4}\Big|_{r=r_o} + \qquad (\lambda'+\lambda = 4)$$

$$+ \ldots \qquad (5.42)$$

und

$$C_m(r_o) = C(r_o) + Q^2_{oo}P^o_{oo}\frac{1}{3!}\Delta_{r_o}C(r_o) + Q^4_{oo}P^o_{oo}\frac{1}{5!}\Delta^2_{r_o}C(r_o) + \ldots \qquad (5.43)$$

Nun gilt es, die Multipolmomente Q^2_{oo}, Q^4_{oo} und P^o_{oo} in Gl.(5.43) gemäß den Beziehungen (5.12a) und (5.12b) zu berechnen. Unter der Annahme einer homogenen Quelle ($\rho(r') = 1/B' = 3/(4\pi R'^3)$) lauten die gesuchten Größen

$$Q^2_{oo} = \frac{3}{5} R'^2, \tag{5.44a}$$

$$Q^4_{oo} = \frac{3}{7} R'^4 \tag{5.44b}$$

und

$$P^o_{oo} = 1 \,. \tag{5.44c}$$

Wir setzen diese Werte in Gl.(5.43) ein und erhalten als vorläufiges Ergebnis für die Feldverteilung im Abstand r_o:

$$C_m(r_o) = C(r_o) + \frac{3}{5} R'^2 \frac{1}{3!} \Delta_{r_o} C(r_o) + \frac{3}{7} R'^4 \frac{1}{5!} \Delta^2_{r_o} C(r_o) + \ldots \,. \tag{5.45}$$

Die bisher durchgeführte Rechnung berücksichtigte ausschließlich geometrische Eigenschaften, d.h. die Gl.(5.45) beschreibt allgemein die Feldintensität im Abstand r_o eines homogenen kugelförmigen Felderregers. Dabei kann es sich beispielsweise um die Flußdichte einer Quelle thermischer Neutronen (vgl. Abschnitt 3.5) oder etwa um das elektrostatische Potential einer Ladungsverteilung (vgl. Abschnitt 4.1.3) handeln.

Wir diskutieren zunächst das erste Beispiel. In diesem Fall ist die Anwendung des Laplaceoperators in Gl.(5.45) einer Multiplikation mit $1/L^2$ gleichwertig, denn

$$C(r_o) = \frac{Q}{4\pi D} \frac{e^{-r_o/L}}{r_o} \tag{5.46}$$

ist ja Lösung der (quellenfreien) Diffusionsgleichung

$$\Delta C - \frac{1}{L^2} C = 0 \,. \tag{5.47}$$

Beachten wir diese Eigenschaft, so erhalten wir aus Gl.(5.45) für die Flußdichte einer homogenen kugelförmigen Quelle thermischer Neutronen

$$C_m(r_o) = \frac{Q}{4\pi D}\,\frac{e^{-r_o/L}}{r_o}\left(1 + \frac{3}{5}R'^2\frac{1}{3!}\frac{1}{L^2} + \frac{3}{7}R'^4\frac{1}{5!}\frac{1}{L^2}\frac{1}{L^2} + \ldots\right). \tag{5.48}$$

Dieses Ergebnis gilt auch für beliebig große Abstände r_o, d.h. die Gl.(5.48) beschreibt gleichzeitig die asymptotische Entwicklung von $C_m(r_o)$. Es müssen also die Gleichungen (5.48) und (3.40) übereinstimmen.

Für das Potential einer Ladungsverteilung verschwinden in Gl.(5.45) alle Glieder, die den Laplaceoperator enthalten, weil $C(r_o) = 1/r_o$ Lösung der Laplacegleichung ist. Es verbleibt die Beziehung

$$C_m(r_o) = C(r_o)\ ; \tag{5.49}$$

das Potential (außerhalb) einer kugelsymmetrischen Ladungsverteilung verhält sich so, als ob die Gesamtladung im Symmetriezentrum vereinigt wäre.

Abschließend sei noch folgende Bemerkung angebracht. Aus Vergleichsgründen haben wir in diesem Kapitel die asymptotische Flußdichte einer Quelle thermischer Neutronen mit Hilfe der Multipolentwicklung bestimmt. Dies war verhältnismäßig einfach, weil uns nur das Feld eines kugelsymmetrischen Felderregers interessierte. Im allgemeinen wird es jedoch günstiger sein, bei der Berechnung der asymptotischen Lösung von den Gleichungen (3.39) und (5.40) und den Tabellen 5.2 und 5.4 Gebrauch zu machen, weil dies meist weniger Rechenaufwand erfordert.

6. Zur Bestimmung der Drehmatrixelemente (Eulerwinkel) bei allgemeiner Quellen- und Sondenlage

Die in die Korrekturformel eingehenden Drehmatrixelemente werden durch die räumliche Lage von Quelle und Sonde bestimmt und lassen sich - bei Kenntnis der Eulerwinkel - aus der Beziehung (2.12) unmittelbar errechnen. Für viele praktisch bedeutsame geometrische Anordnungen sind die Eulerwinkel der Anschauung entnehmbar und haben meist die speziellen Werte 0 oder $\pi/2$ (vgl. Tabelle 2.2). Darüber hinaus sind jedoch auch allgemeine Quellen-Sonden-Anordnungen, für die die Winkelwerte (und die Drehmatrixelemente) vorerst nicht bekannt sind, von praktischem Interesse.

Wir betrachten im folgenden jene geometrischen Anordnungen, die sich aus den in Tabelle 2.2 dargestellten ergeben, wenn man den Sondenmittelpunkt nicht nur in der $\tilde{u}_3$-Richtung, sondern räumlich allgemein versetzt. Ein Beispiel dafür zeigt die Abbildung 6.1. Welche Werte nehmen die Drehmatrixelemente an, und in welcher Weise ist die Tabelle 2.2 zu verallgemeinern?
Präzisieren wir die Problemstellung: Vorgegeben sind ein rechtwinkliges Grundkoordinatensystem $\tilde{U}$ und ein um die Eulerwinkel ϕ_o, θ_o, ψ_o verdrehtes weiteres rechtwinkliges Koordinatensystem U (Abb. 6.2). Die Koordinaten des Quellenmittelpunktes sind (0,0,0) in beiden Systemen, der Sondenmittelpunkt ist durch (r_1, r_2, r_3) bzw. $(0,0,r_o)$ gegeben. Die Lage von Quelle und Sonde in bezug auf

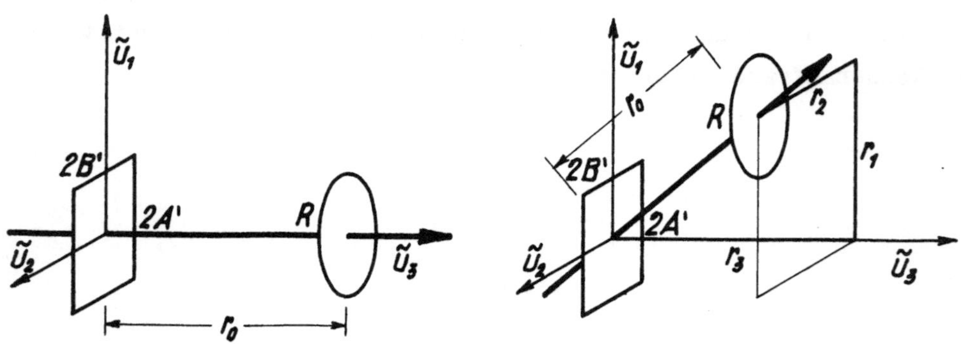

Abb. 6.1. Ein Beispiel zur Verallgemeinerung der Tabelle 2.2

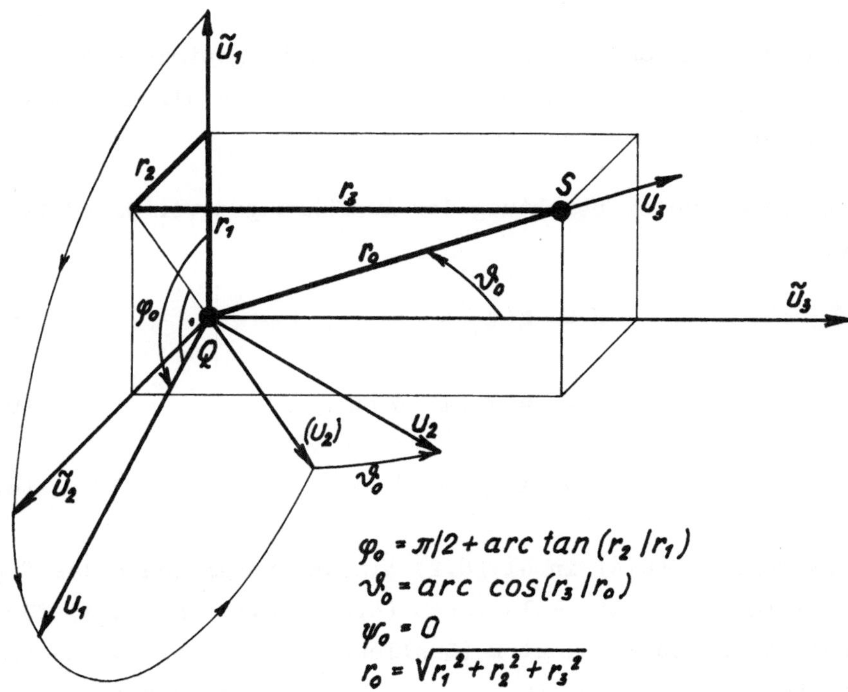

Abb. 6.2. Die beiden rechtwinkligen Koordinatensysteme U und $\tilde{U}$

$\tilde{U}$ möge durch die (bekannten) Eulerwinkel $\tilde{\phi}', \tilde{\theta}', \tilde{\psi}'$ und $\tilde{\phi}, \tilde{\theta}, \tilde{\psi}$ beschrieben werden. Gesucht sind die Matrixelemente der (unbekannten) Eulerwinkel ϕ', θ', ψ' und ϕ, θ, ψ , welche die Lage von Quelle und Sonde in bezug auf das Koordinatensystem U kennzeichnen, denn diese sind in die Korrekturformel einzusetzen.

Der Abbildung 6.2 entnehmen wir:

$$\phi_o = \pi/2 + \text{arc tan}(r_2/r_1) \; , \qquad (6.1a)$$

$$\theta_o = \text{arc cos}(r_3/r_o) \qquad (6.1b)$$

und

$$r_o = \sqrt{r_1^2 + r_2^2 + r_3^2} \; ; \qquad (6.1c)$$

ψ_o beschreibt eine Drehung um die mittelpunktsverbindende u_3-Achse und wurde in der Zeichnung der Einfachheit halber Null gesetzt. Die abzuleitenden Beziehungen zwischen den oben definierten Eulerwinkeln gelten für Quelle und Sonde analog in gestrichenen und ungestrichenen Koordinaten; es genügt also, wenn wir uns im folgenden nur auf ungestrichene Größen beziehen.

Wir erhalten unter Beachtung der Ausführungen vor Gl.(2.12) zunächst

$$\tilde{\mathbf{u}} = \mathbf{A}(\phi_o, \theta_o, \psi_o)\,\mathbf{u}\,, \tag{6.2}$$

$$\tilde{\mathbf{u}} = \mathbf{A}(\tilde{\phi}, \tilde{\theta}, \tilde{\psi})\,\mathbf{x}\,, \tag{6.3}$$

$$\mathbf{u} = \mathbf{A}(\phi, \theta, \psi)\,\mathbf{x}\,, \tag{6.4}$$

setzen weiters Gl.(6.4) in Gl.(6.2) ein und vergleichen das Ergebnis mit Gl.(6.3). Da die Relationen (6.2), (6.3) und (6.4) für jeden beliebigen Sondenpunkt $\mathbf{x}$ (Quellenpunkt $\mathbf{x'}$) gelten, besteht für die oben eingeführten Eulerwinkel der Zusammenhang:

$$\mathbf{A}(\phi_o, \theta_o, \psi_o)\,\mathbf{A}(\phi, \theta, \psi) = \mathbf{A}(\tilde{\phi}, \tilde{\theta}, \tilde{\psi})\,. \tag{6.5}$$

Die Gl.(6.5) beschreibt den Sachverhalt, daß zwei aufeinanderfolgende Drehungen um die Eulerwinkel ϕ_o, θ_o, ψ_o und ϕ, θ, ψ einer Drehung um $\tilde{\phi}, \tilde{\theta}, \tilde{\psi}$ gleichwertig sind.

Multiplizieren wir noch die Gl.(6.5) linksseitig mit der Inversen $\mathbf{A}^{-1}(\phi_o, \theta_o, \psi_o)$ und verwenden wir ferner die Beziehung

$$\mathbf{A}^{-1}(\phi_o, \theta_o, \psi_o) = \mathbf{A}(-\psi_o, -\theta_o, -\phi_o)\,, \tag{6.6}$$

so gewinnen wir

$$\mathbf{A}(\phi, \theta, \psi) = \mathbf{A}(-\psi_o, -\theta_o, -\phi_o)\,\mathbf{A}(\tilde{\phi}, \tilde{\theta}, \tilde{\psi}) \tag{6.7}$$

oder gemäß Gl.(2.12) ausführlicher angeschrieben

$$(a_{ik}) =$$

$$\begin{pmatrix} \cos\psi_0\cos\phi_0-\sin\psi_0\cos\theta_0\sin\phi_0 & \cos\psi_0\sin\phi_0+\sin\psi_0\cos\theta_0\cos\phi_0 & \sin\psi_0\sin\theta_0 \\ -\sin\psi_0\cos\phi_0-\cos\psi_0\cos\theta_0\sin\phi_0 & -\sin\psi_0\sin\phi_0+\cos\psi_0\cos\theta_0\cos\phi_0 & \cos\psi_0\sin\theta_0 \\ \sin\theta_0\sin\phi_0 & -\sin\theta_0\cos\phi_0 & \cos\theta_0 \end{pmatrix}$$

$$\cdot \begin{pmatrix} \cos\tilde\phi\cos\tilde\psi-\sin\tilde\phi\cos\tilde\theta\sin\tilde\psi & -\cos\tilde\phi\sin\tilde\psi-\sin\tilde\phi\cos\tilde\theta\cos\tilde\psi & \sin\tilde\phi\sin\tilde\theta \\ \sin\tilde\phi\cos\tilde\psi+\cos\tilde\phi\cos\tilde\theta\sin\tilde\psi & -\sin\tilde\phi\sin\tilde\psi+\cos\tilde\phi\cos\tilde\theta\cos\tilde\psi & -\cos\tilde\phi\sin\tilde\theta \\ \sin\tilde\theta\sin\tilde\psi & \sin\tilde\theta\cos\tilde\psi & \cos\tilde\theta \end{pmatrix} \tag{6.8}$$

als Ergebnis. Wir führen nun die angeschriebene Matrizenmultiplikation für die Elemente a_{31}, a_{32} und a_{33} explizit durch. Nach einigen einfachen trigonometrischen Umformungen erhalten wir:

$$\begin{aligned} a_{31} = &- \sin(\tilde\phi-\phi_0)\sin\theta_0\cos\tilde\psi + \\ &+ \{1 - \cos(\tilde\phi-\phi_0)\}\cos\tilde\theta\sin\theta_0\sin\tilde\psi + \\ &+ \sin(\tilde\theta-\theta_0)\sin\tilde\psi , \end{aligned} \tag{6.9}$$

$$\begin{aligned} a_{32} = &\sin(\tilde\phi-\phi_0)\sin\theta_0\sin\tilde\psi + \\ &+ \{1 - \cos(\tilde\phi-\phi_0)\}\cos\tilde\theta\sin\theta_0\cos\tilde\psi + \\ &+ \sin(\tilde\theta-\theta_0)\cos\tilde\psi , \end{aligned} \tag{6.10}$$

$$\begin{aligned} a_{33} = &- \{1 - \cos(\tilde\phi-\phi_0)\}\sin\tilde\theta\sin\theta_0 + \\ &+ \cos(\tilde\theta-\theta_0) . \end{aligned} \tag{6.11}$$

Erwartungsgemäß sind die Matrixelemente a_{31}, a_{32} und a_{33} vom Eulerwinkel ψ_0 unabhängig, denn ψ_0 beschreibt ja eine Drehung um die mittelpunktsverbindende u_3-Achse (vgl. die Ausführungen nach Gl.(2.26)).

Mit Hilfe der soeben berechneten Matrixelemente a_{3k} ($k = 1,2,3$) ist es nunmehr leicht, die in Abschnitt 2.3 (Gl.(2.28)ff.) diskutierten Fälle zu verallgemeinern. Ausgangspunkt der Berechnung sind die Gleichungen (2.28), (2.29) und (2.30), die wir vollständigkeitshalber noch einmal anschreiben.

<u>Verallgemeinerung der in Abschnitt 2.3 diskutierten Fälle (rechtwinkliges Grundkoordinatensystem $\tilde{U}$, Sondenmittelpunkt (r_1,r_2,r_3))</u>

1. Kugel (Radius R):

$$I = \frac{2}{5}R^2, \qquad J = \frac{1}{5}R^2. \tag{6.12}$$

2. Zylinder (Radius R, Höhe 2H):

$$\begin{aligned} I &= \frac{1}{4}(1 + a_{33}^2)R^2 + \frac{1}{3}(1 - a_{33}^2)H^2, \\ J &= \frac{1}{4}(1 - a_{33}^2)R^2 + \frac{1}{3}a_{33}^2H^2. \end{aligned} \tag{6.13}$$

3. Quader (Abmessungen 2A x 2B x 2C):

$$\begin{aligned} I &= \frac{1}{3}\left[(1 - a_{31}^2)A^2 + (1 - a_{32}^2)B^2 + (1 - a_{33}^2)C^2\right], \\ J &= \frac{1}{3}(a_{31}^2A^2 + a_{32}^2B^2 + a_{33}^2C^2) . \end{aligned} \tag{6.14}$$

2.1. Zylinder: Radius R, Höhe 2H:

2.1.1. Zylinderachse fällt mit der $\tilde{u}_3$-Achse zusammen ($\tilde{\theta} = 0$):

$$\begin{aligned} I &= \frac{1}{4}(1 + \cos^2\theta_o)R^2 + \frac{1}{3}(1 - \cos^2\theta_o)H^2, \\ J &= \frac{1}{4}(1 - \cos^2\theta_o)R^2 + \frac{1}{3}\cos^2\theta_oH^2. \end{aligned} \tag{6.15}$$

2.1.2. Zylinderachse senkrecht zur $\tilde{u}_3$-Achse ($\tilde{\theta} = \pi/2$):

$$\begin{aligned} I &= \frac{1}{4}\left\{1 + \cos^2(\tilde{\phi}-\phi_o)\sin^2\theta_o\right\}R^2 + \frac{1}{3}\left\{1 - \cos^2(\tilde{\phi}-\phi_o)\sin^2\theta_o\right\}H^2, \\ J &= \frac{1}{4}\left\{1 - \cos^2(\tilde{\phi}-\phi_o)\sin^2\theta_o\right\}R^2 + \frac{1}{3}\cos^2(\tilde{\phi}-\phi_o)\sin^2\theta_oH^2. \end{aligned} \tag{6.16}$$

Zusätzlich zu $\tilde{\theta} = \pi/2$ ist auch noch $\tilde{\phi}$ vorzugeben (vgl. demgegenüber die analoge Gl.(2.32)).

2.2. Kreisscheibe: Radius R:

$$I = \frac{1}{4}(1 + a_{33}^2)R^2, \qquad J = \frac{1}{4}(1 - a_{33}^2)R^2. \tag{6.17}$$

2.2.1. Fläche senkrecht zur $\tilde{u}_3$-Achse ($\tilde{\theta}$ = 0):

$$I = \frac{1}{4}(1 + \cos^2\theta_o)R^2,$$
$$J = \frac{1}{4}(1 - \cos^2\theta_o)R^2. \tag{6.18}$$

2.2.2. Fläche in der $\tilde{u}_3$-Achse ($\tilde{\theta} = \pi/2$):

$$I = \frac{1}{4}\left\{1 + \cos^2(\tilde{\phi}-\phi_o)\sin^2\theta_o\right\}R^2,$$
$$J = \frac{1}{4}\left\{1 - \cos^2(\tilde{\phi}-\phi_o)\sin^2\theta_o\right\}R^2. \tag{6.19}$$

3.1. Würfel: Kantenlänge 2A:

$$I = \frac{2}{3}A^2, \qquad J = \frac{1}{3}A^2. \tag{6.20}$$

3.2. Rechteck: Länge 2A, Breite 2B:

$$I = \frac{1}{3}\left[(1 - a_{31}^2)A^2 + (1 - a_{32}^2)B^2\right],$$
$$J = \frac{1}{3}(a_{31}^2A^2 + a_{32}^2B^2)\ . \tag{6.21}$$

3.2.1. Fläche senkrecht zur $\tilde{u}_3$-Achse ($\tilde{\theta}$ = 0):

$$a_{31} = -\sin(\tilde{\phi}+\tilde{\psi}-\phi_o)\sin\theta_o\ ,$$
$$a_{32} = -\cos(\tilde{\phi}+\tilde{\psi}-\phi_o)\sin\theta_o\ . \tag{6.22}$$

3.2.2. Fläche in der $\tilde{u}_3$-Achse ($\tilde{\theta} = \pi/2$):

$$a_{31} = -\sin(\tilde{\phi}-\phi_o)\sin\theta_o\cos\tilde{\psi} + \cos\theta_o\sin\tilde{\psi}\ ,$$
$$a_{32} = \sin(\tilde{\phi}-\phi_o)\sin\theta_o\sin\tilde{\psi} + \cos\theta_o\cos\tilde{\psi}\ . \tag{6.23}$$

$\tilde{\psi} = 0$: $$a_{31} = -\sin(\tilde{\phi}-\phi_o)\sin\theta_o\ , \quad a_{32} = \cos\theta_o\ . \tag{6.24}$$

$\tilde{\psi} = \pi/4$: $$a_{31} = \frac{1}{\sqrt{2}}\left\{-\sin(\tilde{\phi}-\phi_o)\sin\theta_o + \cos\theta_o\right\},$$
$$a_{32} = \frac{1}{\sqrt{2}}\left\{\sin(\tilde{\phi}-\phi_o)\sin\theta_o + \cos\theta_o\right\}. \tag{6.25}$$

$\tilde{\psi} = \pi/2$: $$a_{31} = \cos\theta_o\ , \quad a_{32} = \sin(\tilde{\phi}-\phi_o)\sin\theta_o\ . \tag{6.26}$$

3.3. Quadrat: Seitenlänge 2A:

$$I = \frac{1}{3}(1 + a_{33}^2)A^2, \qquad J = \frac{1}{3}(1 - a_{33}^2)A^2. \qquad (6.27)$$

3.3.1. Fläche senkrecht zur $\tilde{u}_3$-Achse ($\tilde{\theta} = 0$):

$$I = \frac{1}{3}(1 + \cos^2\theta_o)A^2, \qquad J = \frac{1}{3}(1 - \cos^2\theta_o)A^2. \qquad (6.28)$$

3.3.2. Fläche in der $\tilde{u}_3$-Achse ($\tilde{\theta} = \pi/2$):

$$I = \frac{1}{3}\left\{1 + \cos^2(\tilde{\phi}-\phi_o)\sin^2\theta_o\right\}A^2, \qquad J = \frac{1}{3}\left\{1 - \cos^2(\tilde{\phi}-\phi_o)\sin^2\theta_o\right\}A^2. \qquad (6.29)$$

Das eingangs gesteckte Ziel, die Tabelle 2.2 zu verallgemeinern, ist nunmehr leicht zu erreichen; wir spezialisieren noch zum Teil die Gleichungen (6.12)ff. und fassen die Ergebnisse in der Tabelle 6.1 zusammen. Die darin auftretenden Größen f_i ($i = 1,2,\ldots,12$) sind Funktionen der Eulerwinkel ϕ_o und θ_o bzw. der Parameter $p = r_1/r_3$ und $q = r_2/r_3$ und werden in der Tabelle 6.2 beschrieben.

Für die praktische Anwendung der Korrekturkoeffizienten ist es zweckmäßig, die Größen f_i in Abhängigkeit von den Parametern $p = r_1/r_3$ und $q = r_2/r_3$ anzugeben, weil ja im allgemeinen r_1, r_2 und r_3 durch die Problemstellung vorgegeben sind. Ohne Einschränkung der Allgemeinheit können wir

$$0 \leq p \leq 1, \qquad 0 \leq q \leq 1 \qquad (6.30)$$

voraussetzen, denn es ist bei vorgegebenem rechtwinkligem Grundsystem immer möglich, diese Bedingung durch passende Wahl der Koordinatenachsen zu erfüllen. Die gesuchten Funktionen $f_i(p,q)$ sind mit Hilfe der Gleichungen (6.43) und (6.44) elementar berechenbar. Zahlenwerte dieser Funktionen für $p,q = 0.00(0.05)1.00$ wurden auf der Rechenanlage IBM 7040 der Technischen Universität Wien ermittelt und sind in der Tabelle 6.2 enthalten.

Tabelle 6.1. Werte von $K_1^{(1)}$ und $K_0^{(2)}$ bei allgemeiner Lage von Quelle und Sonde

	Quelle oder Sonde	Beitrag zu $K_1^{(1)}$	Beitrag zu $K_0^{(2)}$
1	$\tilde{U}_1$, $\tilde{U}_2$, $\tilde{U}_3$, R	$\frac{0.2000\,R^2}{r_0}$	$0.2000\,R^2$
2	$\tilde{U}_1$, $\tilde{U}_2$, $\tilde{U}_3$, R, 2H	$\frac{f_1 R^2+f_2 H^2}{r_0}$	$f_3 R^2+f_4 H^2$
3	$\tilde{U}_1$, $\tilde{U}_2$, $\tilde{U}_3$, R, 2H	$\frac{f_5 R^2+f_6 H^2}{r_0}$	$f_7 R^2+f_8 H^2$
4	$\tilde{U}_1$, $\tilde{U}_2$, $\tilde{U}_3$, R, 2H	$\frac{f_9 R^2+f_{10} H^2}{r_0}$	$f_{11} R^2+f_{12} H^2$
5	$\tilde{U}_1$, $\tilde{U}_2$, $\tilde{U}_3$, R	$\frac{f_1 R^2}{r_0}$	$f_3 R^2$
6	$\tilde{U}_1$, $\tilde{U}_2$, $\tilde{U}_3$, R	$\frac{f_5 R^2}{r_0}$	$f_7 R^2$
7	$\tilde{U}_1$, $\tilde{U}_2$, $\tilde{U}_3$, R	$\frac{f_9 R^2}{r_0}$	$f_{11} R^2$
8	$\tilde{U}_1$, $\tilde{U}_2$, $\tilde{U}_3$, 2C, 2A, 2B	$\frac{f_6 A^2+f_{10} B^2+f_2 C^2}{r_0}$	$f_8 A^2+f_{12} B^2+f_4 C^2$
9	$\tilde{U}_1$, $\tilde{U}_2$, $\tilde{U}_3$, 2A, 2B	$\frac{f_6 A^2+f_{10} B^2}{r_0}$	$f_8 A^2+f_{12} B^2$
10	$\tilde{U}_1$, $\tilde{U}_2$, $\tilde{U}_3$, 2A, 2B	$\frac{f_{10} A^2+f_2 B^2}{r_0}$	$f_{12} A^2+f_4 B^2$
11	$\tilde{U}_1$, $\tilde{U}_2$, $\tilde{U}_3$, 2A, 2B	$\frac{f_2 A^2+f_6 B^2}{r_0}$	$f_4 A^2+f_8 B^2$

Tabelle 6.2. Die Funktionen f_i $(i = 1,2,\ldots,12)$

$$f_1 = (1 + \cos^2\theta_o)/8 \,, \tag{6.31}$$

$$f_2 = (1 - \cos^2\theta_o)/6 \,, \tag{6.32}$$

$$f_3 = (1 - \cos^2\theta_o)/4 \,, \tag{6.33}$$

$$f_4 = \cos^2\theta_o/3 \,, \tag{6.34}$$

$$f_5 = (1 + \sin^2\phi_o \sin^2\theta_o)/8 \,, \tag{6.35}$$

$$f_6 = (1 - \sin^2\phi_o \sin^2\theta_o)/6 \,, \tag{6.36}$$

$$f_7 = (1 - \sin^2\phi_o \sin^2\theta_o)/4 \,, \tag{6.37}$$

$$f_8 = \sin^2\phi_o \sin^2\theta_o/3 \,, \tag{6.38}$$

$$f_9 = (1 + \cos^2\phi_o \sin^2\theta_o)/8 \,, \tag{6.39}$$

$$f_{10} = (1 - \cos^2\phi_o \sin^2\theta_o)/6 \,, \tag{6.40}$$

$$f_{11} = (1 - \cos^2\phi_o \sin^2\theta_o)/4 \,, \tag{6.41}$$

$$f_{12} = \cos^2\phi_o \sin^2\theta_o/3 \,; \tag{6.42}$$

$$\begin{aligned} \phi_o &= \pi/2 + \mathrm{arc}\tan(r_2/r_1) = \\ &= \pi/2 + \mathrm{arc}\tan(q/p) \,, \end{aligned} \tag{6.43}$$

$$\begin{aligned} \theta_o &= \mathrm{arc}\cos(r_3/r_o) = \\ &= \mathrm{arc}\cos(1/\sqrt{p^2 + q^2 + 1}) \,. \end{aligned} \tag{6.44}$$

P \ Q	0.00	0.05	0.10	0.15	0.20	0.25	0.30	0.35	0.40	0.45	0.50
0.00	0.2500	0.2497	0.2488	0.2472	0.2452	0.2426	0.2397	0.2364	0.2328	0.2290	0.2250
0.05	0.2497	0.2494	0.2485	0.2470	0.2449	0.2424	0.2394	0.2361	0.2325	0.2287	0.2248
0.10	0.2488	0.2485	0.2475	0.2461	0.2440	0.2416	0.2386	0.2354	0.2318	0.2281	0.2242
0.15	0.2472	0.2470	0.2461	0.2446	0.2426	0.2402	0.2374	0.2342	0.2307	0.2270	0.2232
0.20	0.2452	0.2449	0.2440	0.2426	0.2407	0.2384	0.2356	0.2325	0.2292	0.2256	0.2219
0.25	0.2426	0.2424	0.2416	0.2402	0.2384	0.2361	0.2335	0.2305	0.2272	0.2238	0.2202
0.30	0.2397	0.2394	0.2386	0.2374	0.2356	0.2335	0.2309	0.2281	0.2250	0.2217	0.2183
0.35	0.2364	0.2361	0.2354	0.2342	0.2325	0.2305	0.2281	0.2254	0.2225	0.2193	0.2161
0.40	0.2328	0.2325	0.2318	0.2307	0.2292	0.2272	0.2250	0.2225	0.2197	0.2167	0.2137
0.45	0.2290	0.2287	0.2281	0.2270	0.2256	0.2238	0.2217	0.2193	0.2167	0.2140	0.2111
0.50	0.2250	0.2248	0.2242	0.2232	0.2219	0.2202	0.2183	0.2161	0.2137	0.2111	0.2083
0.55	0.2210	0.2208	0.2202	0.2193	0.2181	0.2166	0.2148	0.2127	0.2105	0.2081	0.2055
0.60	0.2169	0.2167	0.2162	0.2154	0.2143	0.2129	0.2112	0.2093	0.2072	0.2050	0.2026
0.65	0.2129	0.2127	0.2123	0.2115	0.2105	0.2092	0.2076	0.2059	0.2040	0.2019	0.1997
0.70	0.2089	0.2088	0.2083	0.2076	0.2067	0.2055	0.2041	0.2025	0.2008	0.1989	0.1968
0.75	0.2050	0.2049	0.2045	0.2039	0.2030	0.2019	0.2006	0.1992	0.1976	0.1958	0.1940
0.80	0.2012	0.2011	0.2008	0.2002	0.1994	0.1984	0.1973	0.1959	0.1944	0.1928	0.1911
0.85	0.1976	0.1975	0.1972	0.1966	0.1959	0.1950	0.1940	0.1928	0.1914	0.1899	0.1884
0.90	0.1941	0.1940	0.1937	0.1932	0.1926	0.1918	0.1908	0.1897	0.1885	0.1871	0.1857
0.95	0.1907	0.1906	0.1904	0.1899	0.1894	0.1886	0.1877	0.1867	0.1856	0.1844	0.1831
1.00	0.1875	0.1874	0.1872	0.1868	0.1863	0.1856	0.1848	0.1839	0.1829	0.1818	0.1806

F 1 IN ABHAENGIGKEIT VON P=R1/R3 UND Q=R2/R3
P=0.00(0.05)1.00 , Q=0.00(0.05)0.50

P \ Q	0.50	0.55	0.60	0.65	0.70	0.75	0.80	0.85	0.90	0.95	1.00
0.00	0.2250	0.2210	0.2169	0.2129	0.2089	0.2050	0.2012	0.1976	0.1941	0.1907	0.1875
0.05	0.2248	0.2208	0.2167	0.2127	0.2088	0.2049	0.2011	0.1975	0.1940	0.1906	0.1874
0.10	0.2242	0.2202	0.2162	0.2123	0.2083	0.2045	0.2008	0.1972	0.1937	0.1904	0.1872
0.15	0.2232	0.2193	0.2154	0.2115	0.2076	0.2039	0.2002	0.1966	0.1932	0.1899	0.1868
0.20	0.2219	0.2181	0.2143	0.2105	0.2067	0.2030	0.1994	0.1959	0.1926	0.1894	0.1863
0.25	0.2202	0.2166	0.2129	0.2092	0.2055	0.2019	0.1984	0.1950	0.1918	0.1886	0.1856
0.30	0.2183	0.2148	0.2112	0.2076	0.2041	0.2006	0.1973	0.1940	0.1908	0.1877	0.1848
0.35	0.2161	0.2127	0.2093	0.2059	0.2025	0.1992	0.1959	0.1928	0.1897	0.1867	0.1839
0.40	0.2137	0.2105	0.2072	0.2040	0.2008	0.1976	0.1944	0.1914	0.1885	0.1856	0.1829
0.45	0.2111	0.2081	0.2050	0.2019	0.1989	0.1958	0.1928	0.1899	0.1871	0.1844	0.1818
0.50	0.2083	0.2055	0.2026	0.1997	0.1968	0.1940	0.1911	0.1884	0.1857	0.1831	0.1806
0.55	0.2055	0.2029	0.2002	0.1975	0.1947	0.1920	0.1894	0.1867	0.1842	0.1817	0.1793
0.60	0.2026	0.2002	0.1977	0.1951	0.1926	0.1900	0.1875	0.1850	0.1826	0.1802	0.1780
0.65	0.1997	0.1975	0.1951	0.1928	0.1904	0.1880	0.1856	0.1833	0.1810	0.1788	0.1766
0.70	0.1968	0.1947	0.1926	0.1904	0.1881	0.1859	0.1837	0.1815	0.1793	0.1772	0.1752
0.75	0.1940	0.1920	0.1900	0.1880	0.1859	0.1838	0.1818	0.1797	0.1777	0.1757	0.1738
0.80	0.1911	0.1894	0.1875	0.1856	0.1837	0.1818	0.1798	0.1779	0.1760	0.1742	0.1723
0.85	0.1884	0.1867	0.1850	0.1833	0.1815	0.1797	0.1779	0.1761	0.1744	0.1726	0.1709
0.90	0.1857	0.1842	0.1826	0.1810	0.1793	0.1777	0.1760	0.1744	0.1727	0.1711	0.1695
0.95	0.1831	0.1817	0.1802	0.1788	0.1772	0.1757	0.1742	0.1726	0.1711	0.1696	0.1681
1.00	0.1806	0.1793	0.1780	0.1766	0.1752	0.1738	0.1723	0.1709	0.1695	0.1681	0.1667

F 1 IN ABHAENGIGKEIT VON P=R1/R3 UND Q=R2/R3
P=0.00(0.05)1.00 , Q=0.50(0.05)1.00

P \ Q	0.00	0.05	0.10	0.15	0.20	0.25	0.30	0.35	0.40	0.45	0.50
0.00	0.0000	0.0004	0.0017	0.0037	0.0064	0.0098	0.0138	0.0182	0.0230	0.0281	0.0333
0.05	0.0004	0.0008	0.0021	0.0041	0.0068	0.0102	0.0141	0.0185	0.0233	0.0284	0.0336
0.10	0.0017	0.0021	0.0033	0.0052	0.0079	0.0113	0.0152	0.0195	0.0242	0.0292	0.0344
0.15	0.0037	0.0041	0.0052	0.0072	0.0098	0.0131	0.0169	0.0211	0.0257	0.0306	0.0357
0.20	0.0064	0.0068	0.0079	0.0098	0.0123	0.0155	0.0192	0.0233	0.0278	0.0325	0.0375
0.25	0.0098	0.0102	0.0113	0.0131	0.0155	0.0185	0.0221	0.0260	0.0303	0.0349	0.0397
0.30	0.0138	0.0141	0.0152	0.0169	0.0192	0.0221	0.0254	0.0292	0.0333	0.0377	0.0423
0.35	0.0182	0.0185	0.0195	0.0211	0.0233	0.0260	0.0292	0.0328	0.0367	0.0409	0.0452
0.40	0.0230	0.0233	0.0242	0.0257	0.0278	0.0303	0.0333	0.0367	0.0404	0.0443	0.0485
0.45	0.0281	0.0284	0.0292	0.0306	0.0325	0.0349	0.0377	0.0409	0.0443	0.0480	0.0519
0.50	0.0333	0.0336	0.0344	0.0357	0.0375	0.0397	0.0423	0.0452	0.0485	0.0519	0.0556
0.55	0.0387	0.0390	0.0397	0.0409	0.0425	0.0446	0.0470	0.0497	0.0527	0.0559	0.0593
0.60	0.0441	0.0443	0.0450	0.0461	0.0476	0.0495	0.0517	0.0542	0.0570	0.0600	0.0631
0.65	0.0495	0.0497	0.0503	0.0513	0.0527	0.0544	0.0565	0.0588	0.0613	0.0641	0.0670
0.70	0.0548	0.0550	0.0556	0.0565	0.0577	0.0593	0.0612	0.0633	0.0657	0.0682	0.0709
0.75	0.0600	0.0602	0.0607	0.0615	0.0627	0.0641	0.0658	0.0678	0.0699	0.0722	0.0747
0.80	0.0650	0.0652	0.0657	0.0664	0.0675	0.0688	0.0703	0.0721	0.0741	0.0762	0.0785
0.85	0.0699	0.0700	0.0705	0.0712	0.0721	0.0733	0.0747	0.0763	0.0781	0.0801	0.0822
0.90	0.0746	0.0747	0.0751	0.0757	0.0766	0.0777	0.0789	0.0804	0.0821	0.0839	0.0858
0.95	0.0791	0.0792	0.0795	0.0801	0.0809	0.0818	0.0830	0.0844	0.0859	0.0875	0.0892
1.00	0.0833	0.0834	0.0837	0.0843	0.0850	0.0859	0.0869	0.0881	0.0895	0.0910	0.0926

F 2 IN ABHAENGIGKEIT VON P=R1/R3 UND Q=R2/R3
P=0.00(0.05)1.00 , Q=0.00(0.05)0.50

P \ Q	0.50	0.55	0.60	0.65	0.70	0.75	0.80	0.85	0.90	0.95	1.00
0.00	0.0333	0.0387	0.0441	0.0495	0.0548	0.0600	0.0650	0.0699	0.0746	0.0791	0.0833
0.05	0.0336	0.0390	0.0443	0.0497	0.0550	0.0602	0.0652	0.0700	0.0747	0.0792	0.0834
0.10	0.0344	0.0397	0.0450	0.0503	0.0555	0.0607	0.0657	0.0705	0.0751	0.0795	0.0837
0.15	0.0357	0.0409	0.0461	0.0513	0.0565	0.0615	0.0664	0.0712	0.0757	0.0801	0.0843
0.20	0.0375	0.0425	0.0476	0.0527	0.0577	0.0627	0.0675	0.0721	0.0766	0.0809	0.0850
0.25	0.0397	0.0446	0.0495	0.0544	0.0593	0.0641	0.0688	0.0733	0.0777	0.0818	0.0859
0.30	0.0423	0.0470	0.0517	0.0565	0.0612	0.0658	0.0703	0.0747	0.0789	0.0830	0.0869
0.35	0.0452	0.0497	0.0542	0.0588	0.0633	0.0678	0.0721	0.0763	0.0804	0.0844	0.0881
0.40	0.0485	0.0527	0.0570	0.0613	0.0657	0.0599	0.0741	0.0781	0.0821	0.0859	0.0895
0.45	0.0519	0.0559	0.0600	0.0641	0.0682	0.0722	0.0762	0.0801	0.0839	0.0875	0.0910
0.50	0.0556	0.0593	0.0631	0.0670	0.0709	0.0747	0.0785	0.0822	0.0858	0.0892	0.0926
0.55	0.0593	0.0628	0.0664	0.0700	0.0737	0.0773	0.0809	0.0844	0.0878	0.0911	0.0943
0.60	0.0631	0.0664	0.0698	0.0732	0.0766	0.0800	0.0833	0.0866	0.0899	0.0930	0.0960
0.65	0.0670	0.0700	0.0732	0.0763	0.0795	0.0827	0.0859	0.0890	0.0920	0.0950	0.0979
0.70	0.0709	0.0737	0.0766	0.0795	0.0825	0.0855	0.0884	0.0913	0.0942	0.0970	0.0997
0.75	0.0747	0.0773	0.0800	0.0827	0.0855	0.0882	0.0910	0.0937	0.0964	0.0991	0.1016
0.80	0.0785	0.0809	0.0833	0.0859	0.0884	0.0910	0.0936	0.0961	0.0986	0.1011	0.1035
0.85	0.0822	0.0844	0.0866	0.0890	0.0913	0.0937	0.0961	0.0985	0.1009	0.1032	0.1054
0.90	0.0858	0.0878	0.0899	0.0920	0.0942	0.0964	0.0986	0.1009	0.1031	0.1052	0.1074
0.95	0.0892	0.0911	0.0930	0.0950	0.0970	0.0991	0.1011	0.1032	0.1052	0.1072	0.1092
1.00	0.0926	0.0943	0.0960	0.0979	0.0997	0.1016	0.1035	0.1054	0.1074	0.1092	0.1111

F 2 IN ABHAENGIGKEIT VON P=R1/R3 UND Q=R2/R3
P=0.00(0.05)1.00 , Q=0.50(0.05)1.00

P \ Q	0.00	0.05	0.10	0.15	0.20	0.25	0.30	0.35	0.40	0.45	0.50
0.00	0.0000	0.0006	0.0025	0.0055	0.0096	0.0147	0.0206	0.0273	0.0345	0.0421	0.0500
0.05	0.0006	0.0012	0.0031	0.0061	0.0102	0.0153	0.0212	0.0278	0.0349	0.0425	0.0504
0.10	0.0025	0.0031	0.0049	0.0079	0.0119	0.0169	0.0227	0.0292	0.0363	0.0438	0.0516
0.15	0.0055	0.0061	0.0079	0.0108	0.0147	0.0196	0.0253	0.0317	0.0386	0.0459	0.0535
0.20	0.0096	0.0102	0.0119	0.0147	0.0185	0.0232	0.0288	0.0349	0.0417	0.0488	0.0562
0.25	0.0147	0.0153	0.0169	0.0196	0.0232	0.0278	0.0331	0.0390	0.0455	0.0524	0.0595
0.30	0.0206	0.0212	0.0227	0.0253	0.0288	0.0331	0.0381	0.0438	0.0500	0.0566	0.0634
0.35	0.0273	0.0278	0.0292	0.0317	0.0349	0.0390	0.0438	0.0492	0.0551	0.0613	0.0679
0.40	0.0345	0.0349	0.0363	0.0386	0.0417	0.0455	0.0500	0.0551	0.0606	0.0665	0.0727
0.45	0.0421	0.0425	0.0438	0.0459	0.0488	0.0524	0.0566	0.0613	0.0665	0.0721	0.0779
0.50	0.0500	0.0504	0.0516	0.0535	0.0562	0.0595	0.0634	0.0679	0.0727	0.0779	0.0833
0.55	0.0581	0.0584	0.0595	0.0613	0.0638	0.0668	0.0705	0.0746	0.0791	0.0839	0.0890
0.60	0.0662	0.0665	0.0675	0.0692	0.0714	0.0743	0.0776	0.0814	0.0855	0.0900	0.0947
0.65	0.0743	0.0746	0.0755	0.0770	0.0791	0.0816	0.0847	0.0882	0.0920	0.0962	0.1005
0.70	0.0822	0.0825	0.0833	0.0847	0.0865	0.0890	0.0918	0.0950	0.0985	0.1023	0.1063
0.75	0.0900	0.0903	0.0910	0.0923	0.0940	0.0962	0.0987	0.1016	0.1049	0.1084	0.1121
0.80	0.0976	0.0978	0.0985	0.0996	0.1012	0.1032	0.1055	0.1082	0.1111	0.1143	0.1177
0.85	0.1049	0.1051	0.1057	0.1067	0.1082	0.1099	0.1121	0.1145	0.1172	0.1201	0.1233
0.90	0.1119	0.1121	0.1126	0.1136	0.1149	0.1165	0.1184	0.1206	0.1231	0.1258	0.1286
0.95	0.1186	0.1188	0.1193	0.1201	0.1213	0.1228	0.1245	0.1265	0.1288	0.1312	0.1339
1.00	0.1250	0.1252	0.1256	0.1264	0.1275	0.1288	0.1304	0.1322	0.1343	0.1365	0.1389

F 3 IN ABHAENGIGKEIT VON P=R1/R3 UND Q=R2/R3
P=0.00(0.05)1.00 , Q=0.00(0.05)0.50

P \ Q	0.50	0.55	0.60	0.65	0.70	0.75	0.80	0.85	0.90	0.95	1.00
0.00	0.0500	0.0581	0.0662	0.0743	0.0822	0.0900	0.0976	0.1049	0.1119	0.1186	0.1250
0.05	0.0504	0.0584	0.0665	0.0746	0.0825	0.0903	0.0978	0.1051	0.1121	0.1188	0.1252
0.10	0.0516	0.0595	0.0675	0.0755	0.0833	0.0910	0.0985	0.1057	0.1126	0.1193	0.1256
0.15	0.0535	0.0613	0.0692	0.0770	0.0847	0.0923	0.0996	0.1067	0.1136	0.1201	0.1264
0.20	0.0562	0.0638	0.0714	0.0791	0.0866	0.0940	0.1012	0.1082	0.1149	0.1213	0.1275
0.25	0.0595	0.0668	0.0743	0.0816	0.0890	0.0962	0.1032	0.1099	0.1165	0.1228	0.1288
0.30	0.0634	0.0705	0.0776	0.0847	0.0918	0.0987	0.1055	0.1121	0.1184	0.1245	0.1304
0.35	0.0679	0.0746	0.0814	0.0882	0.0950	0.1016	0.1082	0.1145	0.1206	0.1265	0.1322
0.40	0.0727	0.0791	0.0855	0.0920	0.0985	0.1049	0.1111	0.1172	0.1231	0.1288	0.1343
0.45	0.0779	0.0839	0.0900	0.0962	0.1023	0.1084	0.1143	0.1201	0.1258	0.1312	0.1365
0.50	0.0833	0.0890	0.0947	0.1005	0.1063	0.1121	0.1177	0.1233	0.1286	0.1339	0.1389
0.55	0.0890	0.0942	0.0996	0.1051	0.1105	0.1160	0.1213	0.1265	0.1317	0.1366	0.1414
0.60	0.0947	0.0996	0.1047	0.1097	0.1149	0.1200	0.1250	0.1300	0.1348	0.1395	0.1441
0.65	0.1005	0.1051	0.1097	0.1145	0.1193	0.1241	0.1288	0.1334	0.1380	0.1425	0.1468
0.70	0.1063	0.1105	0.1149	0.1193	0.1237	0.1282	0.1326	0.1370	0.1413	0.1455	0.1496
0.75	0.1121	0.1160	0.1200	0.1241	0.1282	0.1324	0.1365	0.1406	0.1446	0.1486	0.1524
0.80	0.1177	0.1213	0.1250	0.1288	0.1326	0.1365	0.1404	0.1442	0.1480	0.1517	0.1553
0.85	0.1233	0.1265	0.1300	0.1334	0.1370	0.1406	0.1442	0.1478	0.1513	0.1548	0.1582
0.90	0.1286	0.1317	0.1348	0.1380	0.1413	0.1446	0.1480	0.1513	0.1546	0.1578	0.1610
0.95	0.1339	0.1366	0.1395	0.1425	0.1455	0.1486	0.1517	0.1548	0.1578	0.1609	0.1639
1.00	0.1389	0.1414	0.1441	0.1468	0.1496	0.1524	0.1553	0.1582	0.1610	0.1639	0.1667

F 3 IN ABHAENGIGKEIT VON P=R1/R3 UND Q=R2/R3
P=0.00(0.05)1.00 , Q=0.50(0.05)1.00

P \ Q	0.00	0.05	0.10	0.15	0.20	0.25	0.30	0.35	0.40	0.45	0.50
0.00	0.3333	0.3325	0.3300	0.3260	0.3205	0.3137	0.3058	0.2970	0.2874	0.2772	0.2667
0.05	0.3325	0.3317	0.3292	0.3252	0.3197	0.3130	0.3051	0.2963	0.2867	0.2766	0.2661
0.10	0.3300	0.3292	0.3268	0.3228	0.3175	0.3108	0.3030	0.2943	0.2849	0.2749	0.2646
0.15	0.3260	0.3252	0.3228	0.3190	0.3137	0.3072	0.2996	0.2911	0.2819	0.2721	0.2620
0.20	0.3205	0.3197	0.3175	0.3137	0.3086	0.3023	0.2950	0.2867	0.2778	0.2683	0.2584
0.25	0.3137	0.3130	0.3108	0.3072	0.3023	0.2963	0.2892	0.2813	0.2727	0.2635	0.2540
0.30	0.3058	0.3051	0.3030	0.2996	0.2950	0.2892	0.2825	0.2749	0.2667	0.2579	0.2488
0.35	0.2970	0.2963	0.2943	0.2911	0.2867	0.2813	0.2749	0.2677	0.2599	0.2516	0.2429
0.40	0.2874	0.2867	0.2849	0.2819	0.2778	0.2727	0.2667	0.2599	0.2525	0.2446	0.2364
0.45	0.2772	0.2766	0.2749	0.2721	0.2683	0.2635	0.2579	0.2516	0.2446	0.2372	0.2295
0.50	0.2667	0.2661	0.2646	0.2620	0.2584	0.2540	0.2488	0.2429	0.2364	0.2295	0.2222
0.55	0.2559	0.2554	0.2540	0.2516	0.2483	0.2442	0.2394	0.2339	0.2279	0.2215	0.2147
0.60	0.2451	0.2446	0.2433	0.2411	0.2381	0.2343	0.2299	0.2248	0.2193	0.2133	0.2070
0.65	0.2343	0.2339	0.2327	0.2307	0.2279	0.2245	0.2204	0.2157	0.2106	0.2051	0.1993
0.70	0.2237	0.2233	0.2222	0.2204	0.2179	0.2147	0.2110	0.2067	0.2020	0.1969	0.1916
0.75	0.2133	0.2130	0.2120	0.2103	0.2080	0.2051	0.2017	0.1978	0.1935	0.1889	0.1839
0.80	0.2033	0.2029	0.2020	0.2005	0.1984	0.1958	0.1927	0.1891	0.1852	0.1809	0.1764
0.85	0.1935	0.1932	0.1924	0.1910	0.1891	0.1867	0.1839	0.1807	0.1771	0.1732	0.1690
0.90	0.1842	0.1839	0.1832	0.1819	0.1802	0.1780	0.1754	0.1725	0.1692	0.1656	0.1618
0.95	0.1752	0.1750	0.1743	0.1732	0.1716	0.1596	0.1673	0.1646	0.1616	0.1584	0.1549
1.00	0.1667	0.1665	0.1658	0.1648	0.1634	0.1616	0.1595	0.1570	0.1543	0.1513	0.1481

F 4 IN ABHAENGIGKEIT VON P=R1/R3 UND Q=R2/R3
P=0.00(0.05)1.00 , Q=0.00(0.05)0.50

P \ Q	0.50	0.55	0.60	0.65	0.70	0.75	0.80	0.85	0.90	0.95	1.00
0.00	0.2667	0.2559	0.2451	0.2343	0.2237	0.2133	0.2033	0.1935	0.1842	0.1752	0.1667
0.05	0.2661	0.2554	0.2446	0.2339	0.2233	0.2130	0.2029	0.1932	0.1839	0.1750	0.1665
0.10	0.2646	0.2540	0.2433	0.2327	0.2222	0.2120	0.2020	0.1924	0.1832	0.1743	0.1658
0.15	0.2620	0.2516	0.2411	0.2307	0.2204	0.2103	0.2005	0.1910	0.1819	0.1732	0.1648
0.20	0.2584	0.2483	0.2381	0.2279	0.2179	0.2080	0.1984	0.1891	0.1802	0.1716	0.1634
0.25	0.2540	0.2442	0.2343	0.2245	0.2147	0.2051	0.1958	0.1867	0.1780	0.1696	0.1616
0.30	0.2488	0.2394	0.2299	0.2204	0.2110	0.2017	0.1927	0.1839	0.1754	0.1673	0.1595
0.35	0.2429	0.2339	0.2248	0.2157	0.2067	0.1978	0.1891	0.1807	0.1725	0.1646	0.1570
0.40	0.2364	0.2279	0.2193	0.2106	0.2020	0.1935	0.1852	0.1771	0.1692	0.1616	0.1543
0.45	0.2295	0.2215	0.2133	0.2051	0.1969	0.1889	0.1809	0.1732	0.1656	0.1584	0.1513
0.50	0.2222	0.2147	0.2070	0.1993	0.1916	0.1839	0.1764	0.1690	0.1618	0.1549	0.1481
0.55	0.2147	0.2077	0.2005	0.1932	0.1860	0.1787	0.1716	0.1646	0.1578	0.1512	0.1448
0.60	0.2070	0.2005	0.1938	0.1870	0.1802	0.1734	0.1667	0.1601	0.1536	0.1473	0.1412
0.65	0.1993	0.1932	0.1870	0.1807	0.1743	0.1679	0.1616	0.1554	0.1493	0.1434	0.1376
0.70	0.1916	0.1860	0.1802	0.1743	0.1684	0.1624	0.1565	0.1507	0.1449	0.1393	0.1339
0.75	0.1839	0.1787	0.1734	0.1679	0.1624	0.1569	0.1513	0.1459	0.1405	0.1352	0.1301
0.80	0.1764	0.1716	0.1667	0.1616	0.1565	0.1513	0.1462	0.1411	0.1361	0.1311	0.1263
0.85	0.1690	0.1646	0.1601	0.1554	0.1507	0.1459	0.1411	0.1363	0.1316	0.1270	0.1224
0.90	0.1618	0.1578	0.1536	0.1493	0.1449	0.1405	0.1361	0.1316	0.1272	0.1229	0.1186
0.95	0.1549	0.1512	0.1473	0.1434	0.1393	0.1352	0.1311	0.1270	0.1229	0.1188	0.1148
1.00	0.1481	0.1448	0.1412	0.1376	0.1339	0.1301	0.1263	0.1224	0.1186	0.1148	0.1111

F 4 IN ABHAENGIGKEIT VON P=R1/R3 UND Q=R2/R3
P=0.00(0.05)1.00 , Q=0.50(0.05)1.00

P \ Q	0.00	0.05	0.10	0.15	0.20	0.25	0.30	0.35	0.40	0.45	0.50
0.00	0.1250	0.1250	0.1250	0.1250	0.1250	0.1250	0.1250	0.1250	0.1250	0.1250	0.1250
0.05	0.1253	0.1253	0.1253	0.1253	0.1253	0.1253	0.1253	0.1253	0.1253	0.1253	0.1252
0.10	0.1262	0.1262	0.1262	0.1262	0.1262	0.1262	0.1261	0.1261	0.1261	0.1260	0.1260
0.15	0.1278	0.1277	0.1277	0.1277	0.1276	0.1276	0.1275	0.1275	0.1274	0.1273	0.1272
0.20	0.1298	0.1298	0.1298	0.1297	0.1296	0.1295	0.1294	0.1293	0.1292	0.1290	0.1289
0.25	0.1324	0.1323	0.1323	0.1322	0.1321	0.1319	0.1318	0.1316	0.1314	0.1312	0.1310
0.30	0.1353	0.1353	0.1352	0.1351	0.1350	0.1348	0.1345	0.1343	0.1340	0.1337	0.1334
0.35	0.1386	0.1386	0.1385	0.1384	0.1382	0.1379	0.1376	0.1373	0.1369	0.1366	0.1362
0.40	0.1422	0.1422	0.1421	0.1419	0.1417	0.1414	0.1410	0.1406	0.1402	0.1397	0.1392
0.45	0.1460	0.1460	0.1459	0.1457	0.1454	0.1450	0.1446	0.1441	0.1436	0.1430	0.1424
0.50	0.1500	0.1500	0.1498	0.1496	0.1492	0.1488	0.1483	0.1478	0.1472	0.1465	0.1458
0.55	0.1540	0.1540	0.1538	0.1535	0.1532	0.1527	0.1522	0.1515	0.1509	0.1501	0.1494
0.60	0.1581	0.1580	0.1578	0.1575	0.1571	0.1566	0.1560	0.1554	0.1546	0.1538	0.1530
0.65	0.1621	0.1621	0.1619	0.1615	0.1611	0.1606	0.1599	0.1592	0.1584	0.1575	0.1566
0.70	0.1661	0.1660	0.1658	0.1655	0.1650	0.1645	0.1638	0.1630	0.1621	0.1612	0.1602
0.75	0.1700	0.1699	0.1697	0.1694	0.1689	0.1683	0.1675	0.1667	0.1658	0.1648	0.1638
0.80	0.1738	0.1737	0.1735	0.1731	0.1726	0.1720	0.1712	0.1704	0.1694	0.1684	0.1673
0.85	0.1774	0.1774	0.1771	0.1768	0.1762	0.1756	0.1748	0.1739	0.1730	0.1719	0.1708
0.90	0.1809	0.1809	0.1806	0.1803	0.1797	0.1791	0.1783	0.1774	0.1764	0.1753	0.1742
0.95	0.1843	0.1842	0.1840	0.1836	0.1831	0.1824	0.1816	0.1807	0.1797	0.1786	0.1774
1.00	0.1875	0.1874	0.1872	0.1868	0.1863	0.1856	0.1848	0.1839	0.1829	0.1818	0.1806

F 5 IN ABHAENGIGKEIT VON P=R1/R3 UND Q=R2/R3
P=0.00(0.05)1.00 , Q=0.00(0.05)0.50

P \ Q	0.50	0.55	0.60	0.65	0.70	0.75	0.80	0.85	0.90	0.95	1.00
0.00	0.1250	0.1250	0.1250	0.1250	0.1250	0.1250	0.1250	0.1250	0.1250	0.1250	0.1250
0.05	0.1252	0.1252	0.1252	0.1252	0.1252	0.1252	0.1252	0.1252	0.1252	0.1252	0.1252
0.10	0.1260	0.1260	0.1259	0.1259	0.1258	0.1258	0.1258	0.1257	0.1257	0.1257	0.1256
0.15	0.1272	0.1271	0.1270	0.1269	0.1269	0.1268	0.1267	0.1266	0.1265	0.1265	0.1264
0.20	0.1289	0.1287	0.1286	0.1284	0.1283	0.1281	0.1280	0.1278	0.1277	0.1276	0.1275
0.25	0.1310	0.1307	0.1305	0.1303	0.1300	0.1298	0.1296	0.1294	0.1292	0.1290	0.1288
0.30	0.1334	0.1331	0.1328	0.1324	0.1321	0.1318	0.1315	0.1312	0.1309	0.1306	0.1304
0.35	0.1362	0.1357	0.1353	0.1349	0.1345	0.1341	0.1337	0.1333	0.1329	0.1326	0.1322
0.40	0.1392	0.1387	0.1382	0.1376	0.1371	0.1366	0.1361	0.1356	0.1352	0.1347	0.1343
0.45	0.1424	0.1418	0.1412	0.1406	0.1400	0.1393	0.1387	0.1381	0.1376	0.1370	0.1365
0.50	0.1458	0.1451	0.1444	0.1437	0.1430	0.1422	0.1415	0.1408	0.1402	0.1395	0.1389
0.55	0.1494	0.1486	0.1477	0.1469	0.1461	0.1453	0.1445	0.1437	0.1429	0.1421	0.1414
0.60	0.1530	0.1521	0.1512	0.1502	0.1493	0.1484	0.1475	0.1466	0.1457	0.1449	0.1441
0.65	0.1566	0.1556	0.1546	0.1536	0.1526	0.1516	0.1506	0.1496	0.1487	0.1477	0.1468
0.70	0.1602	0.1592	0.1581	0.1570	0.1559	0.1548	0.1538	0.1527	0.1516	0.1506	0.1496
0.75	0.1638	0.1627	0.1616	0.1604	0.1593	0.1581	0.1569	0.1558	0.1546	0.1535	0.1524
0.80	0.1673	0.1662	0.1650	0.1638	0.1626	0.1613	0.1601	0.1589	0.1577	0.1565	0.1553
0.85	0.1708	0.1696	0.1684	0.1671	0.1658	0.1645	0.1632	0.1619	0.1607	0.1594	0.1582
0.90	0.1742	0.1729	0.1717	0.1704	0.1690	0.1577	0.1663	0.1650	0.1636	0.1623	0.1610
0.95	0.1774	0.1762	0.1749	0.1735	0.1722	0.1708	0.1694	0.1680	0.1666	0.1652	0.1639
1.00	0.1806	0.1793	0.1780	0.1766	0.1752	0.1738	0.1723	0.1709	0.1695	0.1681	0.1667

F 5 IN ABHAENGIGKEIT VON P=R1/R3 UND Q=R2/R3
P=0.00(0.05)1.00 , Q=0.50(0.05)1.00

P \ Q	0.00	0.05	0.10	0.15	0.20	0.25	0.30	0.35	0.40	0.45	0.50
0.00	0.1667	0.1667	0.1667	0.1667	0.1667	0.1667	0.1667	0.1667	0.1667	0.1667	0.1667
0.05	0.1663	0.1663	0.1663	0.1663	0.1663	0.1663	0.1663	0.1663	0.1663	0.1663	0.1663
0.10	0.1650	0.1650	0.1650	0.1651	0.1651	0.1651	0.1652	0.1652	0.1652	0.1653	0.1653
0.15	0.1630	0.1630	0.1630	0.1631	0.1631	0.1632	0.1633	0.1634	0.1635	0.1636	0.1637
0.20	0.1603	0.1603	0.1603	0.1604	0.1605	0.1606	0.1608	0.1609	0.1611	0.1613	0.1615
0.25	0.1569	0.1569	0.1570	0.1571	0.1572	0.1574	0.1576	0.1579	0.1581	0.1584	0.1587
0.30	0.1529	0.1529	0.1530	0.1532	0.1534	0.1537	0.1540	0.1543	0.1547	0.1551	0.1555
0.35	0.1485	0.1485	0.1486	0.1488	0.1491	0.1494	0.1498	0.1503	0.1507	0.1513	0.1518
0.40	0.1437	0.1437	0.1439	0.1441	0.1444	0.1449	0.1453	0.1459	0.1465	0.1471	0.1478
0.45	0.1386	0.1387	0.1388	0.1391	0.1395	0.1400	0.1406	0.1412	0.1419	0.1426	0.1434
0.50	0.1333	0.1334	0.1336	0.1339	0.1344	0.1349	0.1356	0.1363	0.1371	0.1380	0.1389
0.55	0.1280	0.1280	0.1283	0.1286	0.1291	0.1297	0.1305	0.1313	0.1322	0.1332	0.1342
0.60	0.1225	0.1226	0.1229	0.1233	0.1238	0.1245	0.1253	0.1262	0.1272	0.1283	0.1294
0.65	0.1172	0.1173	0.1175	0.1179	0.1185	0.1192	0.1201	0.1211	0.1222	0.1233	0.1246
0.70	0.1119	0.1119	0.1122	0.1127	0.1133	0.1141	0.1150	0.1160	0.1172	0.1184	0.1197
0.75	0.1067	0.1068	0.1070	0.1075	0.1082	0.1090	0.1099	0.1110	0.1122	0.1136	0.1149
0.80	0.1016	0.1017	0.1020	0.1025	0.1032	0.1040	0.1050	0.1061	0.1074	0.1088	0.1102
0.85	0.0968	0.0969	0.0972	0.0977	0.0983	0.0992	0.1002	0.1014	0.1027	0.1041	0.1056
0.90	0.0921	0.0922	0.0925	0.0930	0.0937	0.0946	0.0956	0.0968	0.0981	0.0996	0.1011
0.95	0.0876	0.0877	0.0880	0.0885	0.0892	0.0901	0.0912	0.0924	0.0937	0.0952	0.0968
1.00	0.0833	0.0834	0.0837	0.0843	0.0850	0.0859	0.0869	0.0881	0.0895	0.0910	0.0926

F 6 IN ABHAENGIGKEIT VON P=R1/R3 UND Q=R2/R3
P=0.00(0.05)1.00 , Q=0.00(0.05)0.50

P \ Q	0.50	0.55	0.60	0.65	0.70	0.75	0.80	0.85	0.90	0.95	1.00
0.00	0.1667	0.1667	0.1667	0.1667	0.1667	0.1567	0.1667	0.1667	0.1667	0.1667	0.1667
0.05	0.1663	0.1663	0.1664	0.1664	0.1664	0.1664	0.1664	0.1664	0.1664	0.1664	0.1665
0.10	0.1653	0.1654	0.1655	0.1655	0.1656	0.1656	0.1657	0.1657	0.1658	0.1658	0.1658
0.15	0.1637	0.1638	0.1640	0.1641	0.1642	0.1643	0.1644	0.1645	0.1646	0.1647	0.1648
0.20	0.1615	0.1617	0.1619	0.1621	0.1623	0.1625	0.1627	0.1629	0.1631	0.1632	0.1634
0.25	0.1587	0.1590	0.1593	0.1597	0.1600	0.1603	0.1605	0.1608	0.1611	0.1614	0.1616
0.30	0.1555	0.1559	0.1563	0.1567	0.1572	0.1576	0.1580	0.1584	0.1588	0.1591	0.1595
0.35	0.1518	0.1523	0.1529	0.1535	0.1540	0.1545	0.1551	0.1556	0.1561	0.1566	0.1570
0.40	0.1478	0.1484	0.1491	0.1498	0.1505	0.1512	0.1519	0.1525	0.1531	0.1537	0.1543
0.45	0.1434	0.1442	0.1451	0.1459	0.1467	0.1475	0.1483	0.1491	0.1499	0.1506	0.1513
0.50	0.1389	0.1398	0.1408	0.1418	0.1427	0.1437	0.1446	0.1455	0.1464	0.1473	0.1481
0.55	0.1342	0.1353	0.1363	0.1374	0.1385	0.1396	0.1407	0.1418	0.1428	0.1438	0.1448
0.60	0.1294	0.1306	0.1318	0.1330	0.1342	0.1355	0.1367	0.1379	0.1390	0.1401	0.1412
0.65	0.1246	0.1258	0.1272	0.1285	0.1298	0.1312	0.1325	0.1338	0.1351	0.1364	0.1376
0.70	0.1197	0.1211	0.1225	0.1240	0.1254	0.1269	0.1283	0.1298	0.1312	0.1325	0.1339
0.75	0.1149	0.1164	0.1179	0.1194	0.1210	0.1225	0.1241	0.1256	0.1272	0.1286	0.1301
0.80	0.1102	0.1118	0.1133	0.1149	0.1166	0.1182	0.1199	0.1215	0.1231	0.1247	0.1263
0.85	0.1056	0.1072	0.1088	0.1105	0.1122	0.1140	0.1157	0.1174	0.1191	0.1208	0.1224
0.90	0.1011	0.1028	0.1045	0.1062	0.1080	0.1098	0.1116	0.1134	0.1151	0.1169	0.1186
0.95	0.0968	0.0985	0.1002	0.1020	0.1038	0.1056	0.1075	0.1094	0.1112	0.1130	0.1148
1.00	0.0926	0.0943	0.0960	0.0979	0.0997	0.1016	0.1035	0.1054	0.1074	0.1092	0.1111

F 6 IN ABHAENGIGKEIT VON P=R1/R3 UND Q=R2/R3
P=0.00(0.05)1.00 , Q=0.50(0.05)1.00

P \ Q	0.00	0.05	0.10	0.15	0.20	0.25	0.30	0.35	0.40	0.45	0.50
0.00	0.2500	0.2500	0.2500	0.2500	0.2500	0.2500	0.2500	0.2500	0.2500	0.2500	0.2500
0.05	0.2494	0.2494	0.2494	0.2494	0.2494	0.2494	0.2494	0.2494	0.2495	0.2495	0.2495
0.10	0.2475	0.2475	0.2475	0.2476	0.2476	0.2477	0.2477	0.2478	0.2479	0.2479	0.2480
0.15	0.2445	0.2445	0.2446	0.2446	0.2447	0.2448	0.2449	0.2451	0.2452	0.2454	0.2456
0.20	0.2404	0.2404	0.2405	0.2406	0.2407	0.2409	0.2412	0.2414	0.2417	0.2420	0.2422
0.25	0.2353	0.2353	0.2354	0.2356	0.2358	0.2361	0.2364	0.2368	0.2372	0.2376	0.2381
0.30	0.2294	0.2294	0.2295	0.2298	0.2301	0.2305	0.2309	0.2314	0.2320	0.2326	0.2332
0.35	0.2227	0.2228	0.2230	0.2233	0.2237	0.2242	0.2247	0.2254	0.2261	0.2269	0.2277
0.40	0.2155	0.2156	0.2158	0.2162	0.2167	0.2173	0.2180	0.2188	0.2197	0.2206	0.2216
0.45	0.2079	0.2080	0.2082	0.2087	0.2093	0.2100	0.2108	0.2118	0.2128	0.2140	0.2151
0.50	0.2000	0.2001	0.2004	0.2009	0.2016	0.2024	0.2034	0.2045	0.2057	0.2070	0.2083
0.55	0.1919	0.1920	0.1924	0.1929	0.1937	0.1946	0.1957	0.1969	0.1983	0.1998	0.2013
0.60	0.1838	0.1839	0.1843	0.1849	0.1857	0.1867	0.1879	0.1893	0.1908	0.1924	0.1941
0.65	0.1757	0.1759	0.1763	0.1769	0.1778	0.1789	0.1802	0.1816	0.1833	0.1850	0.1868
0.70	0.1678	0.1679	0.1683	0.1690	0.1699	0.1711	0.1725	0.1740	0.1758	0.1776	0.1796
0.75	0.1600	0.1601	0.1606	0.1613	0.1622	0.1635	0.1649	0.1665	0.1684	0.1703	0.1724
0.80	0.1524	0.1526	0.1530	0.1538	0.1548	0.1560	0.1575	0.1592	0.1611	0.1632	0.1653
0.85	0.1451	0.1453	0.1457	0.1465	0.1475	0.1488	0.1503	0.1521	0.1541	0.1562	0.1584
0.90	0.1381	0.1383	0.1387	0.1395	0.1405	0.1419	0.1434	0.1452	0.1472	0.1494	0.1517
0.95	0.1314	0.1316	0.1320	0.1328	0.1338	0.1352	0.1368	0.1386	0.1406	0.1428	0.1452
1.00	0.1250	0.1252	0.1256	0.1264	0.1275	0.1288	0.1304	0.1322	0.1343	0.1365	0.1389

F 7 IN ABHAENGIGKEIT VON P=R1/R3 UND Q=R2/R3
P=0.00(0.05)1.00 , Q=0.00(0.05)0.50

P \ Q	0.50	0.55	0.60	0.65	0.70	0.75	0.80	0.85	0.90	0.95	1.00
0.00	0.2500	0.2500	0.2500	0.2500	0.2500	0.2500	0.2500	0.2500	0.2500	0.2500	0.2500
0.05	0.2495	0.2495	0.2495	0.2496	0.2496	0.2496	0.2496	0.2496	0.2497	0.2497	0.2497
0.10	0.2480	0.2481	0.2482	0.2483	0.2483	0.2484	0.2485	0.2486	0.2486	0.2487	0.2488
0.15	0.2456	0.2458	0.2459	0.2461	0.2463	0.2465	0.2466	0.2468	0.2469	0.2471	0.2472
0.20	0.2422	0.2426	0.2429	0.2432	0.2435	0.2438	0.2440	0.2443	0.2446	0.2449	0.2451
0.25	0.2381	0.2386	0.2390	0.2395	0.2399	0.2404	0.2408	0.2412	0.2417	0.2420	0.2424
0.30	0.2332	0.2338	0.2345	0.2351	0.2358	0.2364	0.2370	0.2376	0.2382	0.2387	0.2392
0.35	0.2277	0.2285	0.2293	0.2302	0.2310	0.2318	0.2326	0.2334	0.2342	0.2349	0.2356
0.40	0.2216	0.2226	0.2237	0.2247	0.2258	0.2268	0.2278	0.2288	0.2297	0.2306	0.2315
0.45	0.2151	0.2164	0.2176	0.2188	0.2201	0.2213	0.2225	0.2237	0.2248	0.2260	0.2270
0.50	0.2083	0.2097	0.2112	0.2126	0.2141	0.2155	0.2169	0.2183	0.2197	0.2210	0.2222
0.55	0.2013	0.2029	0.2045	0.2062	0.2078	0.2095	0.2111	0.2127	0.2142	0.2157	0.2172
0.60	0.1941	0.1959	0.1977	0.1995	0.2014	0.2032	0.2050	0.2068	0.2085	0.2102	0.2119
0.65	0.1868	0.1888	0.1907	0.1928	0.1948	0.1968	0.1988	0.2008	0.2027	0.2046	0.2064
0.70	0.1796	0.1817	0.1838	0.1859	0.1881	0.1903	0.1925	0.1946	0.1967	0.1988	0.2008
0.75	0.1724	0.1746	0.1769	0.1792	0.1815	0.1838	0.1862	0.1885	0.1907	0.1930	0.1951
0.80	0.1653	0.1676	0.1700	0.1724	0.1749	0.1774	0.1798	0.1823	0.1847	0.1871	0.1894
0.85	0.1584	0.1608	0.1633	0.1658	0.1684	0.1710	0.1735	0.1761	0.1787	0.1812	0.1837
0.90	0.1517	0.1541	0.1567	0.1593	0.1620	0.1646	0.1673	0.1700	0.1727	0.1753	0.1779
0.95	0.1452	0.1477	0.1503	0.1530	0.1557	0.1585	0.1613	0.1640	0.1668	0.1696	0.1723
1.00	0.1389	0.1414	0.1441	0.1468	0.1496	0.1524	0.1553	0.1582	0.1610	0.1639	0.1667

F 7 IN ABHAENGIGKEIT VON P=R1/R3 UND Q=R2/R3
P=0.00(0.05)1.00 , Q=0.50(0.05)1.00

P \ Q	0.00	0.05	0.10	0.15	0.20	0.25	0.30	0.35	0.40	0.45	0.50
0.00	0.0000	0.0000	0.0000	0.0000	0.0000	0.0000	0.0000	0.0000	0.0000	0.0000	0.0000
0.05	0.0008	0.0008	0.0008	0.0008	0.0008	0.0008	0.0008	0.0007	0.0007	0.0007	0.0007
0.10	0.0033	0.0033	0.0033	0.0032	0.0032	0.0031	0.0030	0.0029	0.0028	0.0027	0.0026
0.15	0.0073	0.0073	0.0073	0.0072	0.0071	0.0069	0.0067	0.0066	0.0063	0.0061	0.0059
0.20	0.0128	0.0128	0.0127	0.0125	0.0123	0.0121	0.0118	0.0115	0.0111	0.0107	0.0103
0.25	0.0196	0.0196	0.0194	0.0192	0.0189	0.0185	0.0181	0.0176	0.0170	0.0165	0.0159
0.30	0.0275	0.0275	0.0273	0.0270	0.0265	0.0260	0.0254	0.0247	0.0240	0.0232	0.0224
0.35	0.0364	0.0363	0.0361	0.0357	0.0351	0.0345	0.0337	0.0328	0.0318	0.0308	0.0298
0.40	0.0460	0.0459	0.0456	0.0451	0.0444	0.0436	0.0427	0.0416	0.0404	0.0391	0.0378
0.45	0.0561	0.0560	0.0557	0.0551	0.0543	0.0534	0.0522	0.0509	0.0495	0.0480	0.0465
0.50	0.0667	0.0665	0.0661	0.0655	0.0646	0.0635	0.0622	0.0607	0.0591	0.0574	0.0556
0.55	0.0774	0.0773	0.0768	0.0761	0.0751	0.0739	0.0724	0.0708	0.0689	0.0670	0.0649
0.60	0.0882	0.0881	0.0876	0.0868	0.0857	0.0844	0.0828	0.0809	0.0789	0.0768	0.0745
0.65	0.0990	0.0988	0.0983	0.0975	0.0963	0.0948	0.0931	0.0912	0.0890	0.0867	0.0842
0.70	0.1096	0.1094	0.1089	0.1080	0.1068	0.1052	0.1034	0.1013	0.0990	0.0965	0.0939
0.75	0.1200	0.1198	0.1192	0.1183	0.1170	0.1154	0.1135	0.1113	0.1089	0.1062	0.1034
0.80	0.1301	0.1299	0.1293	0.1283	0.1270	0.1253	0.1233	0.1210	0.1185	0.1158	0.1129
0.85	0.1398	0.1396	0.1390	0.1380	0.1366	0.1349	0.1329	0.1305	0.1279	0.1251	0.1221
0.90	0.1492	0.1490	0.1484	0.1473	0.1459	0.1442	0.1421	0.1397	0.1371	0.1342	0.1311
0.95	0.1581	0.1579	0.1573	0.1563	0.1549	0.1531	0.1510	0.1486	0.1459	0.1429	0.1398
1.00	0.1667	0.1665	0.1658	0.1648	0.1634	0.1616	0.1595	0.1570	0.1543	0.1513	0.1481

F 8 IN ABHAENGIGKEIT VON P=R1/R3 UND Q=R2/R3
P=0.00(0.05)1.00 , Q=0.00(0.05)0.50

P \ Q	0.50	0.55	0.60	0.65	0.70	0.75	0.80	0.85	0.90	0.95	1.00
0.00	0.0000	0.0000	0.0000	0.0000	0.0000	0.0000	0.0000	0.0000	0.0000	0.0000	0.0000
0.05	0.0007	0.0006	0.0006	0.0006	0.0006	0.0005	0.0005	0.0005	0.0005	0.0004	0.0004
0.10	0.0026	0.0025	0.0024	0.0023	0.0022	0.0021	0.0020	0.0019	0.0018	0.0017	0.0017
0.15	0.0059	0.0057	0.0054	0.0052	0.0050	0.0047	0.0045	0.0043	0.0041	0.0039	0.0037
0.20	0.0103	0.0099	0.0095	0.0091	0.0087	0.0083	0.0079	0.0076	0.0072	0.0069	0.0065
0.25	0.0159	0.0153	0.0146	0.0140	0.0134	0.0128	0.0122	0.0117	0.0111	0.0106	0.0101
0.30	0.0224	0.0215	0.0207	0.0198	0.0190	0.0182	0.0173	0.0166	0.0158	0.0151	0.0144
0.35	0.0298	0.0287	0.0275	0.0264	0.0253	0.0242	0.0232	0.0221	0.0211	0.0202	0.0192
0.40	0.0378	0.0365	0.0351	0.0337	0.0323	0.0310	0.0296	0.0283	0.0271	0.0259	0.0247
0.45	0.0465	0.0449	0.0432	0.0415	0.0399	0.0382	0.0366	0.0351	0.0335	0.0321	0.0306
0.50	0.0556	0.0537	0.0518	0.0498	0.0479	0.0460	0.0441	0.0422	0.0405	0.0387	0.0370
0.55	0.0649	0.0628	0.0607	0.0585	0.0563	0.0541	0.0519	0.0498	0.0477	0.0457	0.0438
0.60	0.0745	0.0722	0.0698	0.0673	0.0649	0.0624	0.0600	0.0576	0.0553	0.0530	0.0508
0.65	0.0842	0.0816	0.0790	0.0763	0.0736	0.0709	0.0683	0.0657	0.0631	0.0606	0.0581
0.70	0.0939	0.0911	0.0883	0.0854	0.0825	0.0796	0.0767	0.0738	0.0710	0.0683	0.0656
0.75	0.1034	0.1005	0.0975	0.0945	0.0914	0.0882	0.0851	0.0821	0.0790	0.0761	0.0732
0.80	0.1129	0.1098	0.1067	0.1034	0.1002	0.0969	0.0936	0.0903	0.0871	0.0839	0.0808
0.85	0.1221	0.1189	0.1156	0.1123	0.1089	0.1054	0.1019	0.0985	0.0951	0.0917	0.0885
0.90	0.1311	0.1278	0.1244	0.1209	0.1174	0.1138	0.1102	0.1066	0.1031	0.0995	0.0961
0.95	0.1398	0.1364	0.1330	0.1294	0.1257	0.1220	0.1183	0.1146	0.1109	0.1072	0.1036
1.00	0.1481	0.1448	0.1412	0.1376	0.1339	0.1301	0.1263	0.1224	0.1186	0.1148	0.1111

F 8 IN ABHAENGIGKEIT VON P=R1/R3 UND Q=R2/R3
P=0.00(0.05)1.00 , Q=0.50(0.05)1.00

P \ Q	0.00	0.05	0.10	0.15	0.20	0.25	0.30	0.35	0.40	0.45	0.50
0.00	0.1250	0.1253	0.1262	0.1278	0.1298	0.1324	0.1353	0.1386	0.1422	0.1460	0.1500
0.05	0.1250	0.1253	0.1262	0.1277	0.1298	0.1323	0.1353	0.1386	0.1422	0.1460	0.1500
0.10	0.1250	0.1253	0.1262	0.1277	0.1298	0.1323	0.1352	0.1385	0.1421	0.1459	0.1498
0.15	0.1250	0.1253	0.1262	0.1277	0.1297	0.1322	0.1351	0.1384	0.1419	0.1457	0.1496
0.20	0.1250	0.1253	0.1262	0.1276	0.1296	0.1321	0.1350	0.1382	0.1417	0.1454	0.1492
0.25	0.1250	0.1253	0.1262	0.1276	0.1295	0.1319	0.1348	0.1379	0.1414	0.1450	0.1488
0.30	0.1250	0.1253	0.1261	0.1275	0.1294	0.1318	0.1345	0.1376	0.1410	0.1446	0.1483
0.35	0.1250	0.1253	0.1261	0.1275	0.1293	0.1316	0.1343	0.1373	0.1406	0.1441	0.1478
0.40	0.1250	0.1253	0.1261	0.1274	0.1292	0.1314	0.1340	0.1369	0.1402	0.1436	0.1472
0.45	0.1250	0.1253	0.1260	0.1273	0.1290	0.1312	0.1337	0.1366	0.1397	0.1430	0.1465
0.50	0.1250	0.1252	0.1260	0.1272	0.1289	0.1310	0.1334	0.1362	0.1392	0.1424	0.1458
0.55	0.1250	0.1252	0.1260	0.1271	0.1287	0.1307	0.1331	0.1357	0.1387	0.1418	0.1451
0.60	0.1250	0.1252	0.1259	0.1270	0.1286	0.1305	0.1328	0.1353	0.1382	0.1412	0.1444
0.65	0.1250	0.1252	0.1259	0.1269	0.1284	0.1303	0.1324	0.1349	0.1376	0.1406	0.1437
0.70	0.1250	0.1252	0.1258	0.1269	0.1283	0.1300	0.1321	0.1345	0.1371	0.1400	0.1430
0.75	0.1250	0.1252	0.1258	0.1268	0.1281	0.1298	0.1318	0.1341	0.1366	0.1393	0.1422
0.80	0.1250	0.1252	0.1258	0.1267	0.1280	0.1296	0.1315	0.1337	0.1361	0.1387	0.1415
0.85	0.1250	0.1252	0.1257	0.1266	0.1278	0.1294	0.1312	0.1333	0.1356	0.1381	0.1408
0.90	0.1250	0.1252	0.1257	0.1265	0.1277	0.1292	0.1309	0.1329	0.1352	0.1376	0.1402
0.95	0.1250	0.1252	0.1257	0.1265	0.1276	0.1290	0.1306	0.1326	0.1347	0.1370	0.1395
1.00	0.1250	0.1252	0.1256	0.1264	0.1275	0.1288	0.1304	0.1322	0.1343	0.1365	0.1389

F 9 IN ABHAENGIGKEIT VON P=R1/R3 UND Q=R2/R3
P=0.00(0.05)1.00 , Q=0.00(0.05)0.50

P \ Q	0.50	0.55	0.60	0.65	0.70	0.75	0.80	0.85	0.90	0.95	1.00
0.00	0.1500	0.1540	0.1581	0.1621	0.1661	0.1700	0.1738	0.1774	0.1809	0.1843	0.1875
0.05	0.1500	0.1540	0.1580	0.1621	0.1660	0.1699	0.1737	0.1774	0.1809	0.1842	0.1874
0.10	0.1498	0.1538	0.1578	0.1619	0.1658	0.1697	0.1735	0.1771	0.1806	0.1840	0.1872
0.15	0.1496	0.1535	0.1575	0.1615	0.1655	0.1694	0.1731	0.1768	0.1803	0.1836	0.1868
0.20	0.1492	0.1532	0.1571	0.1611	0.1650	0.1689	0.1726	0.1762	0.1797	0.1831	0.1863
0.25	0.1488	0.1527	0.1566	0.1606	0.1645	0.1683	0.1720	0.1756	0.1791	0.1824	0.1856
0.30	0.1483	0.1522	0.1560	0.1599	0.1638	0.1675	0.1712	0.1748	0.1783	0.1816	0.1848
0.35	0.1478	0.1515	0.1554	0.1592	0.1630	0.1667	0.1704	0.1739	0.1774	0.1807	0.1839
0.40	0.1472	0.1509	0.1546	0.1584	0.1621	0.1658	0.1694	0.1730	0.1764	0.1797	0.1829
0.45	0.1465	0.1501	0.1538	0.1575	0.1612	0.1648	0.1684	0.1719	0.1753	0.1786	0.1818
0.50	0.1458	0.1494	0.1530	0.1566	0.1602	0.1638	0.1673	0.1708	0.1742	0.1774	0.1806
0.55	0.1451	0.1486	0.1521	0.1556	0.1592	0.1627	0.1662	0.1696	0.1729	0.1762	0.1793
0.60	0.1444	0.1477	0.1512	0.1546	0.1581	0.1616	0.1650	0.1684	0.1717	0.1749	0.1780
0.65	0.1437	0.1469	0.1502	0.1536	0.1570	0.1604	0.1638	0.1671	0.1704	0.1735	0.1766
0.70	0.1430	0.1461	0.1493	0.1526	0.1559	0.1593	0.1626	0.1658	0.1690	0.1722	0.1752
0.75	0.1422	0.1453	0.1484	0.1516	0.1548	0.1581	0.1613	0.1645	0.1677	0.1708	0.1738
0.80	0.1415	0.1445	0.1475	0.1506	0.1538	0.1569	0.1601	0.1632	0.1663	0.1694	0.1723
0.85	0.1408	0.1437	0.1466	0.1496	0.1527	0.1558	0.1589	0.1619	0.1650	0.1680	0.1709
0.90	0.1402	0.1429	0.1457	0.1487	0.1516	0.1546	0.1577	0.1607	0.1636	0.1666	0.1695
0.95	0.1395	0.1421	0.1449	0.1477	0.1506	0.1535	0.1565	0.1594	0.1623	0.1652	0.1681
1.00	0.1389	0.1414	0.1441	0.1468	0.1496	0.1524	0.1553	0.1582	0.1610	0.1639	0.1667

F 9 IN ABHAENGIGKEIT VON P=R1/R3 UND Q=R2/R3
P=0.00(0.05)1.00 , Q=0.50(0.05)1.00

P \ Q	0.00	0.05	0.10	0.15	0.20	0.25	0.30	0.35	0.40	0.45	0.50
0.00	0.1667	0.1663	0.1650	0.1630	0.1603	0.1569	0.1529	0.1485	0.1437	0.1386	0.1333
0.05	0.1667	0.1663	0.1650	0.1630	0.1603	0.1569	0.1529	0.1485	0.1437	0.1387	0.1334
0.10	0.1667	0.1663	0.1650	0.1630	0.1603	0.1570	0.1530	0.1486	0.1439	0.1388	0.1336
0.15	0.1667	0.1663	0.1651	0.1631	0.1604	0.1571	0.1532	0.1488	0.1441	0.1391	0.1339
0.20	0.1667	0.1663	0.1651	0.1631	0.1605	0.1572	0.1534	0.1491	0.1444	0.1395	0.1344
0.25	0.1667	0.1663	0.1651	0.1632	0.1606	0.1574	0.1537	0.1494	0.1449	0.1400	0.1349
0.30	0.1667	0.1663	0.1652	0.1633	0.1608	0.1576	0.1540	0.1498	0.1453	0.1406	0.1356
0.35	0.1667	0.1663	0.1652	0.1634	0.1609	0.1579	0.1543	0.1503	0.1459	0.1412	0.1363
0.40	0.1667	0.1663	0.1652	0.1635	0.1611	0.1581	0.1547	0.1507	0.1465	0.1419	0.1371
0.45	0.1667	0.1663	0.1653	0.1636	0.1613	0.1584	0.1551	0.1513	0.1471	0.1426	0.1380
0.50	0.1667	0.1663	0.1653	0.1637	0.1615	0.1587	0.1555	0.1518	0.1478	0.1434	0.1389
0.55	0.1667	0.1663	0.1654	0.1638	0.1617	0.1590	0.1559	0.1523	0.1484	0.1442	0.1398
0.60	0.1667	0.1664	0.1655	0.1640	0.1619	0.1593	0.1563	0.1529	0.1491	0.1451	0.1408
0.65	0.1667	0.1664	0.1655	0.1641	0.1621	0.1597	0.1567	0.1535	0.1498	0.1459	0.1418
0.70	0.1667	0.1664	0.1656	0.1642	0.1623	0.1600	0.1572	0.1540	0.1505	0.1467	0.1427
0.75	0.1667	0.1664	0.1656	0.1643	0.1625	0.1603	0.1576	0.1545	0.1512	0.1475	0.1437
0.80	0.1667	0.1664	0.1657	0.1644	0.1627	0.1605	0.1580	0.1551	0.1519	0.1483	0.1446
0.85	0.1667	0.1664	0.1657	0.1645	0.1629	0.1608	0.1584	0.1556	0.1525	0.1491	0.1455
0.90	0.1667	0.1664	0.1658	0.1646	0.1631	0.1611	0.1588	0.1561	0.1531	0.1499	0.1464
0.95	0.1667	0.1664	0.1658	0.1647	0.1632	0.1614	0.1591	0.1566	0.1537	0.1506	0.1473
1.00	0.1667	0.1665	0.1658	0.1648	0.1634	0.1616	0.1595	0.1570	0.1543	0.1513	0.1481

F10 IN ABHAENGIGKEIT VON P=R1/R3 UND Q=R2/R3
P=0.00(0.05)1.00 , Q=0.00(0.05)0.50

P \ Q	0.50	0.55	0.60	0.65	0.70	0.75	0.80	0.85	0.90	0.95	1.00
0.00	0.1333	0.1280	0.1225	0.1172	0.1119	0.1067	0.1016	0.0968	0.0921	0.0876	0.0833
0.05	0.1334	C.1280	0.1226	0.1173	0.1119	0.1068	0.1017	0.0969	0.0922	0.0877	0.0834
0.10	0.1336	0.1283	0.1229	0.1175	0.1122	0.1070	0.1020	0.0972	0.0925	0.0880	0.0837
0.15	0.1339	0.1286	0.1233	0.1179	0.1127	0.1075	0.1025	0.0977	0.0930	0.0885	0.0843
0.20	0.1344	0.1291	0.1238	0.1185	0.1133	0.1082	0.1032	0.0983	0.0937	0.0892	0.0850
0.25	0.1349	0.1297	0.1245	0.1192	0.1141	0.1090	0.1040	0.0992	0.0946	0.0901	0.0859
0.30	0.1356	0.1305	0.1253	0.1201	0.1150	0.1099	0.1050	0.1002	0.0956	0.0912	0.0869
0.35	0.1363	0.1313	0.1262	0.1211	0.1160	0.1110	0.1061	0.1014	0.0968	0.0924	0.0881
0.40	0.1371	0.1322	0.1272	0.1222	0.1172	0.1122	0.1074	0.1027	0.0981	0.0937	0.0895
0.45	0.1380	0.1332	0.1283	0.1233	0.1184	0.1136	0.1088	0.1041	0.0996	0.0952	0.0910
0.50	0.1389	0.1342	0.1294	0.1246	0.1197	0.1149	0.1102	0.1056	0.1011	0.0968	0.0926
0.55	0.1398	0.1353	0.1306	0.1258	0.1211	0.1164	0.1118	0.1072	0.1028	0.0985	0.0943
0.60	0.1408	0.1363	0.1318	0.1272	0.1225	0.1179	0.1133	0.1088	0.1045	0.1002	0.0960
0.65	0.1418	0.1374	0.1330	0.1285	0.1240	0.1194	0.1149	0.1105	0.1062	0.1020	0.0979
0.70	0.1427	0.1385	0.1342	0.1298	0.1254	0.1210	0.1166	0.1122	0.1080	0.1038	0.0997
0.75	0.1437	0.1396	0.1355	0.1312	0.1269	0.1225	0.1182	0.1140	0.1098	0.1056	0.1016
0.80	0.1446	0.1407	0.1367	0.1325	0.1283	0.1241	0.1199	0.1157	0.1116	0.1075	0.1035
0.85	0.1455	0.1418	0.1379	0.1338	0.1298	0.1256	0.1215	0.1174	0.1134	0.1094	0.1054
0.90	0.1464	0.1428	0.1390	0.1351	0.1312	0.1272	0.1231	0.1191	0.1151	0.1112	0.1074
0.95	0.1473	0.1438	0.1401	0.1364	0.1325	0.1286	0.1247	0.1208	0.1169	0.1130	0.1092
1.00	0.1481	0.1448	0.1412	0.1376	0.1339	0.1301	0.1263	0.1224	0.1186	0.1148	0.1111

F10 IN ABHAENGIGKEIT VON P=R1/R3 UND Q=R2/R3
P=0.00(0.05)1.00 , Q=0.50(0.05)1.00

P \ Q	0.00	0.05	0.10	0.15	0.20	0.25	0.30	0.35	0.40	0.45	0.50
0.00	0.2500	0.2494	0.2475	0.2445	0.2404	0.2353	0.2294	0.2227	0.2155	0.2079	0.2000
0.05	0.2500	0.2494	0.2475	0.2445	0.2404	0.2353	0.2294	0.2228	0.2156	0.2080	0.2001
0.10	0.2500	0.2494	0.2475	0.2446	0.2405	0.2354	0.2295	0.2230	0.2158	0.2082	0.2004
0.15	0.2500	0.2494	0.2476	0.2446	0.2406	0.2356	0.2298	0.2233	0.2162	0.2087	0.2009
0.20	0.2500	0.2494	0.2476	0.2447	0.2407	0.2358	0.2301	0.2237	0.2167	0.2093	0.2016
0.25	0.2500	0.2494	0.2477	0.2448	0.2409	0.2361	0.2305	0.2242	0.2173	0.2100	0.2024
0.30	0.2500	0.2494	0.2477	0.2449	0.2412	0.2364	0.2309	0.2247	0.2180	0.2108	0.2034
0.35	0.2500	0.2494	0.2478	0.2451	0.2414	0.2368	0.2314	0.2254	0.2188	0.2118	0.2045
0.40	0.2500	0.2495	0.2479	0.2452	0.2417	0.2372	0.2320	0.2261	0.2197	0.2128	0.2057
0.45	0.2500	0.2495	0.2479	0.2454	0.2420	0.2376	0.2326	0.2269	0.2206	0.2140	0.2070
0.50	0.2500	0.2495	0.2480	0.2456	0.2422	0.2381	0.2332	0.2277	0.2216	0.2151	0.2083
0.55	0.2500	0.2495	0.2481	0.2458	0.2426	0.2386	0.2338	0.2285	0.2226	0.2164	0.2097
0.60	0.2500	0.2495	0.2482	0.2459	0.2429	0.2390	0.2345	0.2293	0.2237	0.2176	0.2112
0.65	0.2500	0.2496	0.2483	0.2461	0.2432	0.2395	0.2351	0.2302	0.2247	0.2188	0.2126
0.70	0.2500	0.2496	0.2483	0.2463	0.2435	0.2399	0.2358	0.2310	0.2258	0.2201	0.2141
0.75	0.2500	0.2496	0.2484	0.2465	0.2438	0.2404	0.2364	0.2318	0.2268	0.2213	0.2155
0.80	0.2500	0.2496	0.2485	0.2466	0.2440	0.2408	0.2370	0.2326	0.2278	0.2225	0.2169
0.85	0.2500	0.2496	0.2486	0.2468	0.2443	0.2412	0.2376	0.2334	0.2288	0.2237	0.2183
0.90	0.2500	0.2497	0.2486	0.2469	0.2446	0.2417	0.2382	0.2342	0.2297	0.2248	0.2197
0.95	0.2500	0.2497	0.2487	0.2471	0.2449	0.2420	0.2387	0.2349	0.2306	0.2260	0.2210
1.00	0.2500	0.2497	0.2488	0.2472	0.2451	0.2424	0.2392	0.2356	0.2315	0.2270	0.2222

F11 IN ABHAENGIGKEIT VON P=R1/R3 UND Q=R2/R3
P=0.00(0.05)1.00 , Q=0.00(0.05)0.50

P \ Q	0.50	0.55	0.60	0.65	0.70	0.75	0.80	0.85	0.90	0.95	1.00
0.00	0.2000	0.1919	0.1838	0.1757	0.1678	0.1600	0.1524	0.1451	0.1381	0.1314	0.1250
0.05	0.2001	0.1920	0.1839	0.1759	0.1679	0.1601	0.1526	0.1453	0.1383	0.1316	0.1252
0.10	0.2004	0.1924	0.1843	0.1763	0.1683	0.1606	0.1530	0.1457	0.1387	0.1320	0.1256
0.15	0.2009	0.1929	0.1849	0.1769	0.1690	0.1613	0.1538	0.1465	0.1395	0.1328	0.1264
0.20	0.2016	0.1937	0.1857	0.1778	0.1699	0.1622	0.1548	0.1475	0.1405	0.1338	0.1275
0.25	0.2024	0.1946	0.1867	0.1789	0.1711	0.1635	0.1560	0.1488	0.1419	0.1352	0.1288
0.30	0.2034	0.1957	0.1879	0.1802	0.1725	0.1649	0.1575	0.1503	0.1434	0.1368	0.1304
0.35	0.2045	0.1969	0.1893	0.1816	0.1740	0.1665	0.1592	0.1521	0.1452	0.1386	0.1322
0.40	0.2057	0.1983	0.1908	0.1833	0.1758	0.1684	0.1611	0.1541	0.1472	0.1406	0.1343
0.45	0.2070	0.1998	0.1924	0.1850	0.1776	0.1703	0.1632	0.1562	0.1494	0.1428	0.1365
0.50	0.2083	0.2013	0.1941	0.1868	0.1796	0.1724	0.1653	0.1584	0.1517	0.1452	0.1389
0.55	0.2097	0.2029	0.1959	0.1888	0.1817	0.1746	0.1676	0.1608	0.1541	0.1477	0.1414
0.60	0.2112	0.2045	0.1977	0.1907	0.1838	0.1769	0.1700	0.1633	0.1567	0.1503	0.1441
0.65	0.2126	0.2062	0.1995	0.1928	0.1859	0.1792	0.1724	0.1658	0.1593	0.1530	0.1468
0.70	0.2141	0.2078	0.2014	0.1948	0.1881	0.1815	0.1749	0.1684	0.1620	0.1557	0.1496
0.75	0.2155	0.2095	0.2032	0.1968	0.1903	0.1838	0.1774	0.1710	0.1646	0.1585	0.1524
0.80	0.2169	0.2111	0.2050	0.1988	0.1925	0.1862	0.1798	0.1735	0.1673	0.1613	0.1553
0.85	0.2183	0.2127	0.2068	0.2008	0.1946	0.1885	0.1823	0.1761	0.1700	0.1640	0.1582
0.90	0.2197	0.2142	0.2085	0.2027	0.1967	0.1907	0.1847	0.1787	0.1727	0.1668	0.1610
0.95	0.2210	0.2157	0.2102	0.2046	0.1988	0.1930	0.1871	0.1812	0.1753	0.1696	0.1639
1.00	0.2222	0.2172	0.2119	0.2064	0.2008	0.1951	0.1894	0.1837	0.1779	0.1723	0.1667

F11 IN ABHAENGIGKEIT VON P=R1/R3 UND Q=R2/R3
P=0.00(0.05)1.00 , Q=0.50(0.05)1.00

P \ Q	0.00	0.05	0.10	0.15	0.20	0.25	0.30	0.35	0.40	0.45	0.50
0.00	0.0000	0.0008	0.0033	0.0073	0.0128	0.0196	0.0275	0.0364	0.0460	0.0561	0.0667
0.05	0.0000	0.0008	0.0033	0.0073	0.0128	0.0196	0.0275	0.0363	0.0459	0.0560	0.0665
0.10	0.0000	0.0008	0.0033	0.0073	0.0127	0.0194	0.0273	0.0361	0.0456	0.0557	0.0661
0.15	0.0000	0.0008	0.0032	0.0072	0.0125	0.0192	0.0270	0.0357	0.0451	0.0551	0.0655
0.20	0.0000	0.0008	0.0032	0.0071	0.0123	0.0189	0.0265	0.0351	0.0444	0.0543	0.0646
0.25	0.0000	0.0008	0.0031	0.0069	0.0121	0.0185	0.0260	0.0345	0.0436	0.0534	0.0635
0.30	0.0000	0.0008	0.0030	0.0067	0.0118	0.0181	0.0254	0.0337	0.0427	0.0522	0.0622
0.35	0.0000	0.0007	0.0029	0.0066	0.0115	0.0176	0.0247	0.0328	0.0416	0.0509	0.0607
0.40	0.0000	0.0007	0.0028	0.0063	0.0111	0.0170	0.0240	0.0318	0.0404	0.0495	0.0591
0.45	0.0000	0.0007	0.0027	0.0061	0.0107	0.0165	0.0232	0.0308	0.0391	0.0480	0.0574
0.50	0.0000	0.0007	0.0026	0.0059	0.0103	0.0159	0.0224	0.0298	0.0378	0.0465	0.0556
0.55	0.0000	0.0006	0.0025	0.0057	0.0099	0.0153	0.0215	0.0287	0.0365	0.0449	0.0537
0.60	0.0000	0.0006	0.0024	0.0054	0.0095	0.0146	0.0207	0.0275	0.0351	0.0432	0.0518
0.65	0.0000	0.0006	0.0023	0.0052	0.0091	0.0140	0.0198	0.0264	0.0337	0.0415	0.0498
0.70	0.0000	0.0006	0.0022	0.0050	0.0087	0.0134	0.0190	0.0253	0.0323	0.0399	0.0479
0.75	0.0000	0.0005	0.0021	0.0047	0.0083	0.0128	0.0182	0.0242	0.0310	0.0382	0.0460
0.80	0.0000	0.0005	0.0020	0.0045	0.0079	0.0122	0.0173	0.0232	0.0296	0.0366	0.0441
0.85	0.0000	0.0005	0.0019	0.0043	0.0076	0.0117	0.0166	0.0221	0.0283	0.0351	0.0422
0.90	0.0000	0.0005	0.0018	0.0041	0.0072	0.0111	0.0158	0.0211	0.0271	0.0335	0.0405
0.95	0.0000	0.0004	0.0017	0.0039	0.0069	0.0106	0.0151	0.0202	0.0259	0.0321	0.0387
1.00	0.0000	0.0004	0.0017	0.0037	0.0065	0.0101	0.0144	0.0192	0.0247	0.0306	0.0370

F12 IN ABHAENGIGKEIT VON P=R1/R3 UND Q=R2/R3
P=0.00(0.05)1.00 , Q=0.00(0.05)0.50

P \ Q	0.50	0.55	0.60	0.65	0.70	0.75	0.80	0.85	0.90	0.95	1.00
0.00	0.0667	0.0774	0.0882	0.0990	0.1096	0.1200	0.1301	0.1398	0.1492	0.1581	0.1667
0.05	0.0665	0.0773	0.0881	0.0988	0.1094	0.1198	0.1299	0.1396	0.1490	0.1579	0.1665
0.10	0.0661	0.0768	0.0876	0.0983	0.1089	0.1192	0.1293	0.1390	0.1484	0.1573	0.1658
0.15	0.0655	0.0761	0.0868	0.0975	0.1080	0.1183	0.1283	0.1380	0.1473	0.1563	0.1648
0.20	0.0646	0.0751	0.0857	0.0963	0.1068	0.1170	0.1270	0.1366	0.1459	0.1549	0.1634
0.25	0.0635	0.0739	0.0844	0.0948	0.1052	0.1154	0.1253	0.1349	0.1442	0.1531	0.1616
0.30	0.0622	0.0724	0.0828	0.0931	0.1034	0.1135	0.1233	0.1329	0.1421	0.1510	0.1595
0.35	0.0607	0.0708	0.0809	0.0912	0.1013	0.1113	0.1210	0.1305	0.1397	0.1486	0.1570
0.40	0.0591	0.0689	0.0789	0.0890	0.0990	0.1089	0.1185	0.1279	0.1371	0.1459	0.1543
0.45	0.0574	0.0670	0.0768	0.0867	0.0965	0.1062	0.1158	0.1251	0.1342	0.1429	0.1513
0.50	0.0556	0.0649	0.0745	0.0842	0.0939	0.1034	0.1129	0.1221	0.1311	0.1398	0.1481
0.55	0.0537	0.0628	0.0722	0.0816	0.0911	0.1005	0.1098	0.1189	0.1278	0.1364	0.1448
0.60	0.0518	0.0607	0.0698	0.0790	0.0883	0.0975	0.1067	0.1156	0.1244	0.1330	0.1412
0.65	0.0498	0.0585	0.0673	0.0763	0.0854	0.0945	0.1034	0.1123	0.1209	0.1294	0.1376
0.70	0.0479	0.0563	0.0649	0.0736	0.0825	0.0914	0.1002	0.1089	0.1174	0.1257	0.1339
0.75	0.0460	0.0541	0.0624	0.0709	0.0796	0.0882	0.0969	0.1054	0.1138	0.1220	0.1301
0.80	0.0441	0.0519	0.0600	0.0683	0.0767	0.0851	0.0936	0.1019	0.1102	0.1183	0.1263
0.85	0.0422	0.0498	0.0576	0.0657	0.0738	0.0821	0.0903	0.0985	0.1066	0.1146	0.1224
0.90	0.0405	0.0477	0.0553	0.0631	0.0710	0.0790	0.0871	0.0951	0.1031	0.1109	0.1186
0.95	0.0387	0.0457	0.0530	0.0606	0.0683	0.0761	0.0839	0.0917	0.0995	0.1072	0.1148
1.00	0.0370	0.0438	0.0508	0.0581	0.0656	0.0732	0.0808	0.0885	0.0961	0.1036	0.1111

F12 IN ABHAENGIGKEIT VON P=R1/R3 UND Q=R2/R3
P=0.00(0.05)1.00 , Q=0.50(0.05)1.00

Abschließend veranschaulichen wir obige Ausführungen durch ein Beispiel. Wie lautet die Korrekturformel für die in Abb. 6.1 dargestellte Quellen-Sonden-Anordnung?
Der Tabelle 6.1 entnehmen wir (Konfiguration 9 und 5):

Beitrag der Quelle zu $K_1^{(1)}$: $\dfrac{f_6 A'^2 + f_{10} B'^2}{r_o}$,

Beitrag der Quelle zu $K_o^{(2)}$: $f_8 A'^2 + f_{12} B'^2$,

Beitrag der Sonde zu $K_1^{(1)}$: $\dfrac{f_1 R^2}{r_o}$,

Beitrag der Sonde zu $K_o^{(2)}$: $f_3 R^2$.

Die Korrekturformel lautet also:

$$C_m(r_o) = C(r_o) + \frac{f_6 A'^2 + f_{10} B'^2 + f_1 R^2}{r_o} \left.\frac{dC(r)}{dr}\right|_{r=r_o} +$$

$$+ (f_8 A'^2 + f_{12} B'^2 + f_3 R^2) \frac{1}{2!} \left.\frac{d^2 C(r)}{dr^2}\right|_{r=r_o} . \qquad (6.45)$$

Die Werte f_6, f_{10}, f_1, f_8, f_{12} und f_3 sind für $p = r_1/r_3$ und $q = r_2/r_3$ der Tabelle 6.2 zu entnehmen; der Mittelpunktsabstand r_o ist durch $r_o = \sqrt{r_1^2 + r_2^2 + r_3^2}$ gegeben.

7. Berechnung der Werte $C(r)$ der punktförmigen Anordnung aus den Werten $C_m(r)$ der Meßanordnung

Bisher haben wir nicht näher erörtert, wie wir aus den Meßdaten die zugehörigen Werte der ideal punktförmigen Anordnung erhalten. Im folgenden behandeln wir diese Aufgabe und stellen einige Lösungswege zur Berechnung von $C(r_o)$ aus $C_m(r_o)$ gemäß der Korrekturformel (2.27b)

$$C(r_o) + K_1^{(1)} \left.\frac{dC(r)}{dr}\right|_{r=r_o} + K_o^{(2)} \frac{1}{2!} \left.\frac{d^2C(r)}{dr^2}\right|_{r=r_o} = C_m(r_o) \qquad (7.1)$$

vor. Für den allgemeinen Lösungsweg geben wir ein in FORTRAN geschriebenes Programm an, das die praktische Durchführung der Rechnung auf einer Rechenanlage wesentlich erleichtert.

7.1. Besondere Lösungswege

In manchen Problemen gibt es für $C(r)$ eine so gute Modellvorstellung, daß $C(r_o)$ aus Gl.(7.1) einfach berechnet werden kann. Sind wenigstens die Quotienten

$$q^{(1)} = \left.\frac{dC(r)}{dr}\right|_{r=r_o} /C(r_o) \qquad (7.2a)$$

und

$$q^{(2)} = \frac{1}{2!} \left.\frac{d^2C(r)}{dr^2}\right|_{r=r_o} /C(r_o) \qquad (7.2b)$$

bekannt, so ist $C(r_o)$ durch die Beziehung

$$C(r_o) = C_m(r_o)/(1 + K_1^{(1)}q^{(1)} + K_o^{(2)}q^{(2)}) \qquad (7.3)$$

gegeben. Gilt beispielsweise für $C(r)$ das quadratische Abstandsgesetz, $C(r) \sim 1/r^2$, dann folgt für $C(r_o)$ aus Gl.(7.3)

$$C(r_o) = C_m(r_o)/(1 - 2K_1^{(1)}/r_o + 3K_o^{(2)}/r_o^2). \qquad (7.4)$$

Reicht die vorhandene Modellvorstellung zwar nicht aus, um $C(r_o)$ nach Gl.(7.3) zu bestimmen, sind aber die Korrekturglieder

$K_1^{(1)}\{dC(r)/dr\}|_{r=r_o}$ und $K_o^{(2)}(2!)^{-1}\{d^2C(r)/dr^2\}|_{r=r_o}$ in Gl.(7.1) klein gegenüber $C(r_o)$, so kann eine Korrekturformel durch Umordnung dieser Gleichung gewonnen werden:

$$C(r_o) = C_m(r_o) - K_1^{(1)} \frac{dC(r)}{dr}\bigg|_{r=r_o} - K_o^{(2)} \frac{1}{2!} \frac{d^2C(r)}{dr^2}\bigg|_{r=r_o}; \qquad (7.5)$$

wir müssen lediglich näherungsweise

$$\frac{dC(r)}{dr}\bigg|_{r=r_o} = \frac{dC_m(r)}{dr}\bigg|_{r=r_o} \qquad (7.6a)$$

und

$$\frac{d^2C(r)}{dr^2}\bigg|_{r=r_o} = \frac{d^2C_m(r)}{dr^2}\bigg|_{r=r_o} \qquad (7.6b)$$

setzen, d.h. wir nehmen an, daß kein nennenswerter Fehler durch die Verwendung der Werte $\{dC_m(r)/dr\}|_{r=r_o}$ und $\{d^2C_m(r)/dr^2\}|_{r=r_o}$ auftritt, die aus den Meßwerten durch numerische oder graphische Differentiation folgen.

Diese Art der Korrektur wird erstmals bei Hill et al. /4/ für die Korrekturformel $C(r_o) + K_1^{(1)}\{dC(r)/dr\}|_{r=r_o} = C_m(r_o)$ beschrieben. Die Meßdaten $C_m(r)$ werden durch eine möglichst glatte Kurve verbunden und der Anstieg $\{dC_m(r)/dr\}|_{r=r_o}$ graphisch bestimmt. Auf Grund der Annahme der Kleinheit der Korrektur läßt sich $\{dC(r)/$ $/dr\}|_{r=r_o}$ näherungsweise durch $\{dC_m(r)/dr\}|_{r=r_o}$ ersetzen, so daß sich $C(r_o)$ aus der Beziehung $C(r_o) = C_m(r_o) - K_1^{(1)}\{dC_m(r)/dr\}|_{r=r_o}$ ergibt.

Weiters besteht auch die Möglichkeit, die Gl.(7.3) für die Bestimmung von $C(r_o)$ heranzuziehen, indem wir näherungsweise

$$q^{(1)} = \frac{dC_m(r)}{dr}\bigg|_{r=r_o} /C_m(r_o) \qquad (7.7a)$$

und

$$q^{(2)} = \frac{1}{2!} \frac{d^2C_m(r)}{dr^2}\bigg|_{r=r_o} /C_m(r_o) \qquad (7.7b)$$

setzen.

In ungünstigeren Fällen wird sich ein brauchbarer Wert durch eine einfache Iteration ergeben.

7.2. Allgemeiner Lösungsweg

Bei dem im folgenden beschriebenen allgemeinen Lösungsweg ermitteln wir $C(r_o)$, indem wir die zu Gl.(7.1) zugehörige Differentialgleichung

$$C(r) + \underbrace{\frac{k^{(1)}}{r}}_{K_1^{(1)}} C'(r) + \underbrace{k^{(2)}}_{K_o^{(2)}} \frac{1}{2} C''(r) = C_m(r) \qquad (7.8)$$

in einem Bereich, der r_o enthält, lösen und den Wert $C(r)$ an der Stelle $r = r_o$ bestimmen.
Um die Abhängigkeit von r des Korrekturfaktors $K_1^{(1)}$ zu betonen, haben wir in Gl.(7.8) die Konstanten $k^{(1)} = K_1^{(1)} r$ und $k^{(2)} = K_o^{(2)}$ eingeführt.

Da aus dem Experiment vielfach eine Reihe von Meßdaten $C_m(r_i)$ $(i = 1,2,\ldots,n)$ vorliegt, für welche die zugehörigen Werte $C(r_i)$ der punktförmigen Anordnung gesucht werden, wählen wir als Lösungsbereich der Differentialgleichung (7.8) das Intervall $[r_1, r_n]$. Bei der Lösung dieser inhomogenen Differentialgleichung zweiter Ordnung sind folgende Gesichtspunkte zu beachten: $C_m(r)$ ist nur durch eine diskrete Anzahl von Punkten gegeben; für die Eindeutigkeit ihrer Lösung sind zwei zusätzliche Bedingungen (Randbedingungen) erforderlich.

Wir können also voraussetzen, daß für n Abszissenwerte r_i $(i = 1,2,\ldots,n)$ die zugehörigen Ordinatenwerte $C_{m_i} = C_m(r_i)$ bekannt sind. Falls nicht physikalische Gründe dagegen sprechen, liegt es nahe, die n Punkte mit den Abszissen r_i und den zunächst noch unbekannten Ordinaten $C_i = C(r_i)$ durch eine möglichst glatte Kurve zu verbinden. Dazu ersetzen wir die unbekannte Funktion $C(r)$ in den Intervallen $[r_i, r_{i+1}]$ $(i = 1,2,\ldots,n-1)$ durch Polynome dritten Grades

$$S_i(r) = a_i + b_i(r-r_i) + c_i(r-r_i)^2 + d_i(r-r_i)^3 \qquad (7.9)$$

$$(i = 1,2,\ldots,n-1) ,$$

die in r_i $(i = 2,3,\ldots,n-1)$ zweimal stetig differenzierbar aneinander gesetzt sind. Dieser "kubische Spline" /45/ ist bei Kenntnis der $4\cdot(n-1)$ Koeffizienten a_i, b_i, c_i und d_i eindeutig bestimmt. Für die Berechnung dieser Koeffizienten ziehen wir die $3\cdot(n-2)$ Stetigkeitsbedingungen, die n sich aus der Differentialgleichung (7.8) ergebenden Beziehungen

$$C_i + \frac{k^{(1)}}{r_i} C_i' + \frac{k^{(2)}}{2} C_i'' = C_{m_i} \quad (i = 1,2,\ldots,n) \tag{7.10}$$

und zwei zusätzliche Bedingungen, beispielsweise zwei Randbedingungen heran.

Wir führen zunächst die Abkürzungen

$$\Delta r_i = r_{i+1} - r_i \ , \tag{7.11a}$$

$$\Delta C_{m_i} = C_{m_{i+1}} - C_{m_i} \ , \tag{7.11b}$$

$$F_i = 1/(1 - \frac{k^{(1)}}{r_i r_{i+1}}) \tag{7.11c}$$

ein und betrachten ein festes Intervall $[r_i, r_{i+1}]$; für Funktionswerte, erste und zweite Ableitungen des Splines in den Eckpunkten r_i und r_{i+1} gilt:

$$C_i = S_i(r_i) = a_i \ , \tag{7.12a}$$

$$C_{i+1} = S_i(r_{i+1}) = a_i + b_i\Delta r_i + c_i\Delta r_i^2 + d_i\Delta r_i^3, \tag{7.12b}$$

$$C_i' = S_i'(r_i) = b_i \ , \tag{7.13a}$$

$$C_{i+1}' = S_i'(r_{i+1}) = b_i + 2c_i\Delta r_i + 3d_i\Delta r_i^2, \tag{7.13b}$$

$$C_i'' = S_i''(r_i) = 2c_i \ , \tag{7.14a}$$

$$C_{i+1}'' = S_i''(r_{i+1}) = 2c_i + 6d_i\Delta r_i \ . \tag{7.14b}$$

Berechnen wir nun die gesuchten Koeffizienten in Abhängigkeit von den Meßwerten C_{m_i} und den zweiten Ableitungen C_i'', so erhalten wir aus den Gleichungen (7.10), (7.12), (7.13) und (7.14) mit den Abkürzungen (7.11) nach elementarer Rechnung:

$$a_i = C_{m_i} - \frac{k^{(1)}}{r_i} b_i - \frac{k^{(2)}}{2} C_i'' , \tag{7.15a}$$

$$b_i = \Big[\frac{\Delta C_{m_i}}{\Delta r_i} - \frac{\Delta r_i}{6}(C_{i+1}'' + 2C_i'') - \frac{k^{(1)}}{2r_{i+1}}(C_{i+1}'' + C_i'') - \frac{k^{(2)}}{2\Delta r_i}(C_{i+1}'' - C_i'')\Big]F_i , \tag{7.15b}$$

$$c_i = \frac{1}{2} C_i'' , \tag{7.15c}$$

$$d_i = \frac{1}{6\Delta r_i}(C_{i+1}'' - C_i'') . \tag{7.15d}$$

Die Forderung nach der Stetigkeit der Ableitung

$$S_{i-1}'(r_i) = S_i'(r_i) \quad (i = 2,3,\dots,n-1) \tag{7.16}$$

liefert die Kopplungsbedingungen

$$b_{i-1} + 2c_{i-1}\Delta r_{i-1} + 3d_{i-1}\Delta r_{i-1}{}^2 = b_i \tag{7.17}$$

oder schließlich

$$\begin{aligned} &\Big\{3\Delta r_{i-1} + (-2\Delta r_{i-1} - \frac{3k^{(1)}}{r_i} + \frac{3k^{(2)}}{\Delta r_{i-1}})F_{i-1}\Big\}C_{i-1}'' + \\ &+ \Big\{3\Delta r_{i-1} + (-\Delta r_{i-1} - \frac{3k^{(1)}}{r_i} - \frac{3k^{(2)}}{\Delta r_{i-1}})F_{i-1} + \\ &\qquad + (2\Delta r_i + \frac{3k^{(1)}}{r_{i+1}} - \frac{3k^{(2)}}{\Delta r_i})F_i\Big\}C_i'' + \\ &+ \Big\{(\Delta r_i + \frac{3k^{(1)}}{r_{i+1}} + \frac{3k^{(2)}}{\Delta r_i})F_i\Big\}C_{i+1}'' = \\ &= 6(\frac{\Delta C_{m_i}}{\Delta r_i}F_i - \frac{\Delta C_{m_{i-1}}}{\Delta r_{i-1}}F_{i-1}) \quad (i = 2,3,\dots,n-1) . \end{aligned} \tag{7.18}$$

Die (n-2) Gleichungen (7.18) bilden gemeinsam mit zwei weiteren, aus den beiden zusätzlichen Bedingungen folgenden Gleichungen ein lineares Gleichungssystem für die Unbekannten C_i'' $(i = 1,2,\ldots,n)$, aus denen sodann gemeinsam mit den Meßwerten C_{m_i} die Koeffizienten a_i, b_i, c_i und d_i $(i = 1,2,\ldots,n-1)$ nach (7.15) berechnet werden.

Vielfach ergeben sich die beiden zusätzlichen Bedingungen unmittelbar aus der Modellvorstellung der vorliegenden Aufgabe. Als Beispiele erwähnen wir die Bestimmung des Neutronenalters in Graphit und die Verteilung einzelner Gruppen langsamer Neutronen um eine Neutronenquelle in Wasser:
Zur Auswertung der Messung des Neutronenalters τ in Graphit wird die Funktion

$$C(r) \sim \exp[-r^2/(4\tau)] \tag{7.19}$$

herangezogen, die theoretisch und experimentell gut untermauert ist /12/. Die Randbedingung der zugehörigen Differentialgleichung lautet

$$\lim_{r \to \infty} C(r) = 0 \tag{7.20}$$

Da die Messungen nur für Abstände $r > 25$ cm von der Neutronenquelle brauchbare Ergebnisse liefern, kann man mit $C(r)$ leicht abschätzen, in welchem Abstand sich der Funktionswert genügend dem Wert Null angenähert hat. Darüber hinaus kann man über die Ableitungen der betrachteten Funktion verläßliche Aussagen gewinnen. Wird die Intensitätsverteilung der thermischen Neutronen (oder einer anderen Gruppe langsamer Neutronen) um eine radioaktive Neutronenquelle in Wasser gemessen, so entspricht diese Verteilung (etwa durch die Flußdichte als Intensitätsmaß gekennzeichnet) in Abständen $r > 15$ cm der Funktion

$$C(r) \sim \exp(-r/\lambda)/r^2 \ , \tag{7.21}$$

wobei die Relaxationslänge λ leicht gemessen werden kann /12/, S. 274f. Wegen der Gestalt von $C(r)$ kann man die Folgerungen vom vorhergehenden Beispiel sinngemäß hierher übertragen.

Setzen wir die Kenntnis von $C_l = C(r_l)$, des Funktionswertes an der Stelle r_l voraus, dann erhalten wir nach elementarer Rechnung als zusätzliche Gleichung für die Unbekannten C_i'' $(i = 1,2,\ldots,n)$:

Für $l \neq n$:

$$\left\{(2\Delta r_l + \frac{3k^{(1)}}{r_{l+1}} - \frac{3k^{(2)}}{\Delta r_l})\frac{k^{(1)}}{r_l}F_l - 3k^{(2)}\right\}C_l'' +$$

$$+ \left\{(\Delta r_l + \frac{3k^{(1)}}{r_{l+1}} + \frac{3k^{(2)}}{\Delta r_l})\frac{k^{(1)}}{r_l}F_l\right\}C_{l+1}'' =$$

$$= 6(\frac{\Delta C_{m_l}}{\Delta r_l}\frac{k^{(1)}}{r_l}F_l - C_{m_l} + C_l) , \tag{7.22a}$$

für $l = n$:

$$\left\{3\Delta r_{n-1}\frac{k^{(1)}}{r_n} + (-2\Delta r_{n-1} - \frac{3k^{(1)}}{r_n} + \frac{3k^{(2)}}{\Delta r_{n-1}})\frac{k^{(1)}}{r_n}F_{n-1}\right\}C_{n-1}'' +$$

$$+ \left\{3\Delta r_{n-1}\frac{k^{(1)}}{r_n} + (-\Delta r_{n-1} - \frac{3k^{(1)}}{r_n} - \frac{3k^{(2)}}{\Delta r_{n-1}})\frac{k^{(1)}}{r_n}F_{n-1} + 3k^{(2)}\right\}C_n'' =$$

$$= 6(C_{m_n} - C_n - \frac{\Delta C_{m_{n-1}}}{\Delta r_{n-1}}\frac{k^{(1)}}{r_n}F_{n-1}) . \tag{7.22b}$$

Bei Vorgabe der ersten Ableitung $C_l' = C'(r_l)$ lautet die zusätzliche Gleichung:

Für $l \neq n$:

$$\left\{(2\Delta r_l + \frac{3k^{(1)}}{r_{l+1}} - \frac{3k^{(2)}}{\Delta r_l})F_l\right\}C_l'' +$$

$$+ \left\{(\Delta r_l + \frac{3k^{(1)}}{r_{l+1}} + \frac{3k^{(2)}}{\Delta r_l})F_l\right\}C_{l+1}'' =$$

$$= 6(\frac{\Delta C_{m_l}}{\Delta r_l}F_l - C_l') , \tag{7.23a}$$

für $l = n$:

$$\left\{3\Delta r_{n-1} + (-2\Delta r_{n-1} - \frac{3k^{(1)}}{r_n} + \frac{3k^{(2)}}{\Delta r_{n-1}})F_{n-1}\right\}C_{n-1}'' +$$

$$+ \left\{3\Delta r_{n-1} + (-\Delta r_{n-1} - \frac{3k^{(1)}}{r_n} - \frac{3k^{(2)}}{\Delta r_{n-1}})F_{n-1}\right\}C_n'' =$$

$$= 6(C_n' - \frac{\Delta C_{m_{n-1}}}{\Delta r_{n-1}}F_{n-1}) . \tag{7.23b}$$

Bei Vorgabe der zweiten Ableitung $C''_l = C''(r_l)$ ergibt sich die triviale Beziehung:

$$\left\{ 1 \right\} C''_l = C''_l \ . \qquad (7.24)$$

Auch aus der Kenntnis von $C'_{ml} = C'_m(r_l)$, der Ableitung der Meßkurve an der Stelle r_l, können wir eine zusätzliche Gleichung für die Unbekannten C''_i $(i = 1,2,\ldots,n)$ gewinnen. Allerdings sollte die Vorgabe von C'_{ml} nur mit großer Vorsicht erfolgen, weil die im weiteren beschriebene Interpolation nicht immer hinreichend genaue Ergebnisse liefert. Nach Differentiation von Gl.(7.8) erhalten wir für $r = r_l$ die Beziehung

$$C'_{ml} = \left(1 - \frac{k^{(1)}}{r_l^2}\right) C'_l + \frac{k^{(1)}}{r_l} C''_l + \frac{k^{(2)}}{2} C'''_l \ , \qquad (7.25)$$

in der neben erster und zweiter Ableitung auch die dritte Ableitung der unbekannten Funktion $C(r)$ auftritt. Da für den kubischen Spline (7.9) die dritte Ableitung in den Abszissenwerten r_i $(i = 1,2,\ldots,n)$ nicht definiert ist, ersetzen wir im weiteren C'''_l durch den Anstieg an der Stelle r_l jener Parabel, welche die Funktionswerte C''_{j-1}, C''_j und C''_{j+1} ($j = 2$ für $l = 1$; $j = l$ für $l \neq 1,n$; $j = n-1$ für $l = n$) interpoliert. Das Ergebnis lautet:

Für $l = 1$:

$$\begin{aligned}
&\left\{\left(2\Delta r_1 + \frac{3k^{(1)}}{r_2} - \frac{3k^{(2)}}{\Delta r_1}\right)\left(1 - \frac{k^{(1)}}{r_1^2}\right)F_1 - \right.\\
&\qquad\qquad \left. - \frac{6k^{(1)}}{r_1} + \frac{3k^{(2)}}{\Delta r_1} + \frac{3k^{(2)}}{\Delta r_1 + \Delta r_2}\right\} C''_1 + \\
&+ \left\{\left(\Delta r_1 + \frac{3k^{(1)}}{r_2} + \frac{3k^{(2)}}{\Delta r_1}\right)\left(1 - \frac{k^{(1)}}{r_1^2}\right)F_1 - \frac{3k^{(2)}}{\Delta r_1} - \frac{3k^{(2)}}{\Delta r_2}\right\} C''_2 + \\
&+ \left\{\frac{3k^{(2)}\Delta r_1}{\Delta r_2(\Delta r_1 + \Delta r_2)}\right\} C''_3 = \\
&= 6\left[\frac{\Delta C_{m1}}{\Delta r_1}\left(1 - \frac{k^{(1)}}{r_1^2}\right)F_1 - C'_{m1}\right] \ , \qquad (7.26a)
\end{aligned}$$

für $l \neq 1,n$:

$$\left\{\frac{3k^{(2)}\Delta r_l}{\Delta r_{l-1}(\Delta r_{l-1}+\Delta r_l)}\right\}C''_{l-1} +$$

$$+ \left\{(2\Delta r_l + \frac{3k^{(1)}}{r_{l+1}} - \frac{3k^{(2)}}{\Delta r_l})(1 - \frac{k^{(1)}}{r_l^2})F_l - \right.$$

$$\left. - \frac{6k^{(1)}}{r_l} - \frac{3k^{(2)}}{\Delta r_{l-1}} + \frac{3k^{(2)}}{\Delta r_l}\right\}C''_l +$$

$$+ \left\{(\Delta r_l + \frac{3k^{(1)}}{r_{l+1}} + \frac{3k^{(2)}}{\Delta r_l})(1 - \frac{k^{(1)}}{r_l^2})F_l - \frac{3k^{(2)}\Delta r_{l-1}}{\Delta r_l(\Delta r_{l-1}+\Delta r_l)}\right\}C''_{l+1} =$$

$$= 6\left[\frac{\Delta C_{m_l}}{\Delta r_l}(1 - \frac{k^{(1)}}{r_l^2})F_l - C'_{m_l}\right], \qquad (7.26b)$$

für $l = n$:

$$\left\{\frac{3k^{(2)}\Delta r_{n-1}}{\Delta r_{n-2}(\Delta r_{n-2}+\Delta r_{n-1})}\right\}C''_{n-2} +$$

$$+ \left\{3\Delta r_{n-1}(1 - \frac{k^{(1)}}{r_n^2}) + (-2\Delta r_{n-1} - \frac{3k^{(1)}}{r_n} + \frac{3k^{(2)}}{\Delta r_{n-1}})(1 - \frac{k^{(1)}}{r_n^2})F_{n-1} - \right.$$

$$\left. - \frac{3k^{(2)}}{\Delta r_{n-2}} - \frac{3k^{(2)}}{\Delta r_{n-1}}\right\}C''_{n-1} +$$

$$+ \left\{3\Delta r_{n-1}(1 - \frac{k^{(1)}}{r_n^2}) + (-\Delta r_{n-1} - \frac{3k^{(1)}}{r_n} - \frac{3k^{(2)}}{\Delta r_{n-1}})(1 - \frac{k^{(1)}}{r_n^2})F_{n-1} + \right.$$

$$\left. + \frac{6k^{(1)}}{r_n} + \frac{3k^{(2)}}{\Delta r_{n-1}} + \frac{3k^{(2)}}{\Delta r_{n-2}+\Delta r_{n-1}}\right\}C''_n =$$

$$= 6\left[C'_{m_n} - \frac{\Delta C_{m_{n-1}}}{\Delta r_{n-1}}(1 - \frac{k^{(1)}}{r_n^2})F_{n-1}\right]. \qquad (7.26c)$$

Wir haben nun für alle praktisch bedeutsamen zusätzlichen Bedingungen die daraus folgenden Gleichungen angegeben und wenden uns wiederum dem linearen Gleichungssystem für die Unbekannten C''_i $(i = 1,2,\ldots,n)$ zu. Sein Aufbau läßt sich wie folgt schematisch darstellen, wenn wir die im allgemeinen von Null verschiedenen

Koeffizienten mit x bezeichnen:

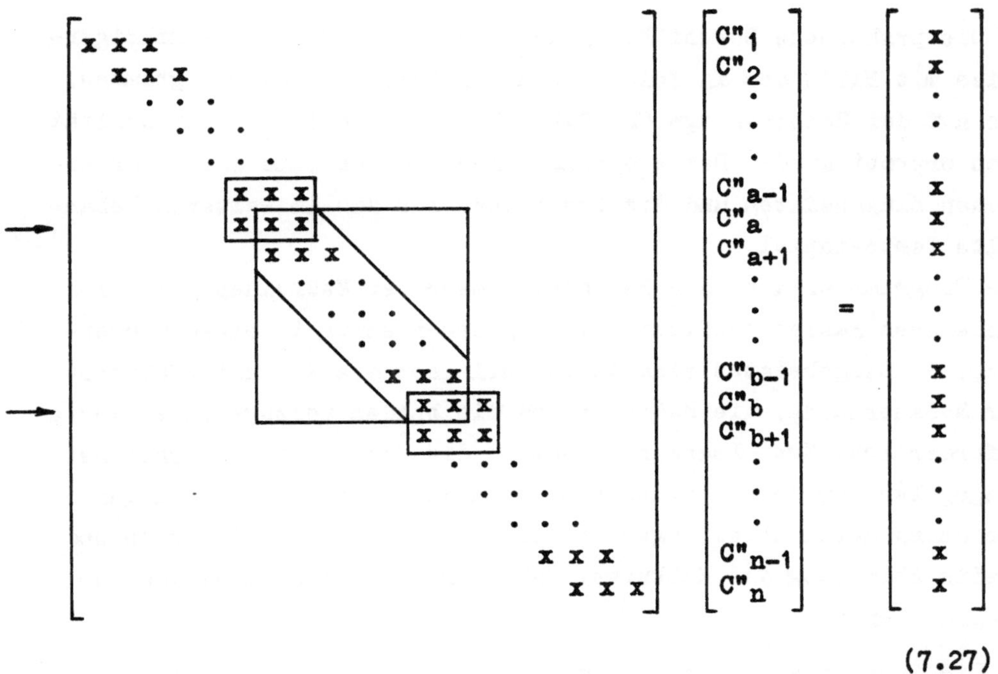

(7.27)

⟶ eine der Gleichungen (7.22), (7.23), (7.24), (7.26)

Die Koeffizientenmatrix des Gleichungssystems (7.27) weist eine Bandstruktur auf. Während im allgemeinen jeweils drei aufeinanderfolgende Unbekannte C''_{i-1}, C''_i und C''_{i+1} ($i = 2,3,\ldots,n-1$) nur durch eine Gleichung miteinander verknüpft sind, existiert für die Unbekannten C''_{a-1}, C''_a und C''_{a+1} und C''_{b-1}, C''_b und C''_{b+1} je eine weitere Gleichung zusätzlich.

Wir beginnen mit der Berechnung des Gleichungssystems, indem wir aus den beiden Gleichungen für die Unbekannten C''_{a-1}, C''_a und C''_{a+1} die Unbekannte C''_{a-1} eliminieren. In analoger Weise eliminieren wir auch C''_{b+1}. Es verbleibt ein tridiagonales Gleichungssystem in den Unbekannten C''_a, C''_{a+1}, ..., C''_{b-1}, C''_b, das wir mit Hilfe des bekannten Algorithmus (siehe z.B. /46/, S. 441f.) auflösen. Die restlichen Unbekannten erhalten wir durch Rückwärtssubstitution. Somit haben wir den Spline (7.9) grundsätzlich bestimmt und den allgemeinen Lösungsweg für die Berechnung der Werte der punktförmigen Anordnung aus den Werten der Meßanordnung beschrieben.

Die praktische Durchführung der Rechnung erfolgt zweckmäßigerweise mit Hilfe des im folgenden angegebenen FORTRAN-Programmes, das auf der Rechenanlage CDC Cyber 74 der Technischen Universität Wien erprobt wurde. Dem Programm angeschlossen sind die erforderlichen Eingabedaten und die Ergebnisse für das im weiteren behandelte Testbeispiel.
Das Programm erlaubt die Berechnung mehrerer Meßreihen mit verschiedenen Paaren zusätzlich vorgegebener Werte in einem Rechengang. An Eingabedaten sind im wesentlichen die Korrekturfaktoren der Meßanordnung, die Meßdaten und die beiden vorzugebenden Werte erforderlich. Zwei Leerkarten sollen die Datenkarten abschließen. Ausgegeben werden neben den gesuchten Werten der punktförmigen Anordnung deren Ableitungen und zur Kontrolle auch die erste und zweite Ableitung der Meßkurve. Nähere Einzelheiten sind aus dem Programm ersichtlich.

Die Ergebnisse werden nur dann brauchbar sein, wenn die der Rechnung zugrunde liegende Modellvorstellung des kubischen Splines zutrifft. Es müssen also die Abszissenwerte der Meßpunkte so gewählt werden, daß $C''(r)$, die zweite Ableitung der gesuchten Kurve, durch den Polygonzug $S''(r)$, der zweiten Ableitung des kubischen Splines, gut beschrieben wird. Die zusätzlich vorgegebenen Werte sollen sich nach Möglichkeit auf Punkte in Randnähe oder auf die Randpunkte selbst beziehen, weil dann Ungenauigkeiten in den Eingabedaten nur geringen Einfluß auf das Ergebnis haben (vgl. /45/, S. 41f.). Die Vorgabe von C'_{m_1} in den Randpunkten wird man jedoch vermeiden, weil in diesem Fall die Interpolationsfehler bei der Bestimmung von C'_{m_1} und C'''_1 verhältnismäßig groß sind.

Sollte die Korrektur der Meßdaten ergeben, daß die Stützstellen in manchen Bereichen zu weitmaschig gewählt wurden und weitere Meßpunkte erforderlich wären, kann man die benötigten Zwischenpunkte ebenfalls mit Hilfe des Programmes durch Spline-Interpolation gewinnen. Für den Sonderfall $k^{(1)} = 0$, $k^{(2)} = 0$ berechnet nämlich

(Fortsetzung S. 135)

```
      PROGRAM CAUSCM(INPUT,OUTPUT,TAPE5=INPUT,TAPE6=OUTPUT)
C
C BERECHNUNG DER WERTE C(R) DER PUNKTFOERMIGEN ANORDNUNG AUS
C DEN WERTEN CM(R) DER MESSANORDNUNG MIT DER KORREKTURFORMEL
C C(R)+K11*C1(R)+K20/2*C2(R)=CM(R)
C
C EINGABEDATEN: TEXT .... TITEL DER MESSREIHE
C               AK1 ..... KORREKTURFAKTOR K11*R
C               AK2 ..... KORREKTURFAKTOR K20
C               N ....... ANZAHL DER MESSPUNKTE
C               NF ...... ANZAHL DER PAARE ZUSAETZLICH VORGEGEBENER
C                         WERTE CA,CB
C               R(I) .... ABSZISSENWERT DES I-TEN MESSPUNKTES
C               CM(I) ... MESSWERT DES I-TEN MESSPUNKTES
C               KA ...... NUMMER DES MESSPUNKTES, FUER DEN DER WERT A
C                         ZUSAETZLICH VORGEGEBEN IST
C               CA ...... VORGEGEBENER WERT A
C               NA ...... TYP DES WERTES A
C                         VORGABE VON C ....... NA=1
C                         VORGABE VON C1 ...... NA=2
C                         VORGABE VON C2 ...... NA=3
C                         VORGABE VON CM1 ..... NA=4
C               KB ...... NUMMER DES MESSPUNKTES, FUER DEN DER WERT B
C                         ZUSAETZLICH VORGEGEBEN IST
C               CB ...... VORGEGEBENER WERT B
C               NB ...... TYP DES WERTES B
C                         VORGABE VON C ....... NB=1
C                         VORGABE VON C1 ...... NB=2
C                         VORGABE VON C2 ...... NB=3
C                         VORGABE VON CM1 ..... NB=4
C
C AUSGABEDATEN: I ....... NUMMER DES MESSPUNKTES
C               R ....... ABSZISSENWERT
C               CM ...... MESSWERT
C               C ....... KORRIGIERTER WERT (PUNKTFOERMIGE ANORDNUNG)
C               C1 ...... 1. ABLEITUNG DER KORRIGIERTEN KURVE IN R
C               C2 ...... 2. ABLEITUNG DER KORRIGIERTEN KURVE IN R
C               C3 ...... 3. ABLEITUNG DER KORRIGIERTEN KURVE IN R
C               CM1 ..... 1. ABLEITUNG DER GEMESSENEN KURVE IN R
C               CM2 ..... 2. ABLEITUNG DER GEMESSENEN KURVE IN R
C
      DIMENSION TEXT(8),R(100),CM(100),C2(100),DR(99),DCM(99),F(99)
      DIMENSION AT(100),BT(100),CT(100),DT(100),ALPHA(98),BETA(98)
C
C BEGINN DER AUSWERTUNG EINER MESSREIHE
C
C ***** EINGABE VON TEXT,AK1,AK2,N,NF,R,CM *****
    1 READ (5,100) TEXT
      READ (5,101) AK1,AK2,N,NF
      IF (N.EQ.0) GOTO 90
      READ (5,102) (R(I), I=1,N)
      READ (5,102) (CM(I), I=1,N)
C
      WRITE (6,200) TEXT,AK1,AK2,N,NF
C
C DEFINITION HAEUFIG VERWENDETER GROESSEN
C
      ZK1=2.*AK1
```

```
      DK1=3.*AK1
      SK1=6.*AK1
      AK1D2=AK1/2.
      DK2=3.*AK2
      AK2D2=AK2/2.
      NM1=N-1
      NM2=N-2
C
      DO 2 I=1,NM1
      IP1=I+1
      DR(I)=R(IP1)-R(I)
      DCM(I)=CM(IP1)-CM(I)
    2 F(I)=1./(1.-AK1/R(I)/R(IP1))
C
      DO 3 K=2,NM1
      KM1=K-1
      KP1=K+1
      AT(K)=3.*DR(KM1)+(-2.*DR(KM1)-DK1/R(K)+DK2/DR(KM1))*F(KM1)
      BT(K)=3.*DR(KM1)+(-DR(KM1)-DK1/R(K)-DK2/DR(KM1))*F(KM1)
     1+(2.*DR(K)+DK1/R(KP1)-DK2/DR(K))*F(K)
      CT(K)=(DR(K)+DK1/R(KP1)+DK2/DR(K))*F(K)
    3 DT(K)=6.*(DCM(K)/DR(K)*F(K)-DCM(KM1)/DR(KM1)*F(KM1))
C
C BEGINN DER RECHNUNG FUER EIN WERTEPAAR CA,CB
C
      DO 80 L=1,NF
C
C ***** EINGABE VON KA,CA,NA,KB,CB,NB *****
      READ (5,103) KA,CA,NA,KB,CB,NB
C
      WRITE (6,201)
      IF (NA.EQ.1) WRITE (6,202) R(KA),CA
      IF (NA.EQ.2) WRITE (6,203) R(KA),CA
      IF (NA.EQ.3) WRITE (6,204) R(KA),CA
      IF (NA.EQ.4) WRITE (6,205) R(KA),CA
      IF (NB.EQ.1) WRITE (6,202) R(KB),CB
      IF (NB.EQ.2) WRITE (6,203) R(KB),CB
      IF (NB.EQ.3) WRITE (6,204) R(KB),CB
      IF (NB.EQ.4) WRITE (6,205) R(KB),CB
C
      IKA=KA
      IF (KA.EQ.1) IKA=2
      IKAM1=IKA-1
      IKB=KB
      IF (KB.EQ.N) IKB=NM1
      IKBP1=IKB+1
      NT=IKB-IKA+1
      NTM1=NT-1
C
C BERECHNUNG DER KOEFFIZIENTEN AT(I),BT(I),CT(I),DT(I) DES
C GLEICHUNGSSYSTEMS FUER DIE UNBEKANNTEN C2(I) (I=1,2,...,N)
C
C BERECHNUNG DER KOEFFIZIENTEN AT(I),BT(I),CT(I),DT(I) FUER I.NE.IKA,IK
C
      DO 4 I=1,IKAM1
      IP1=I+1
      AT(I)=AT(IP1)
      BT(I)=BT(IP1)
```

```
      CT(I)=CT(IP1)
    4 DT(I)=DT(IP1)
C
      DO 5 J=IKBP1,N
      I=N+IKBP1-J
      IM1=I-1
      AT(I)=AT(IM1)
      BT(I)=BT(IM1)
      CT(I)=CT(IM1)
    5 DT(I)=DT(IM1)
C
C BERECHNUNG DER KOEFFIZIENTEN AT(I),BT(I),CT(I),DT(I) FUER I=IKA
C
      I=IKA
      K=KA
      KM1=K-1
      KP1=K+1
      CAB=CA
      GOTO (10,20,30,40),NA
C
    6 IF (I.EQ.IKB) GOTO 50
C
C BERECHNUNG DER KOEFFIZIENTEN AT(I),BT(I),CT(I),DT(I) FUER I=IKB
C
      I=IKB
      K=KB
      KM1=K-1
      KP1=K+1
      CAB=CB
      GOTO (10,20,30,40),NB
C
C VORGABE VON C
   10 F1=AK1/R(K)
      IF (K.EQ.N) GOTO 12
      F2=F1*F(K)
      AT(I)=0.
      BT(I)=(2.*DR(K)+DK1/R(KP1)-DK2/DR(K))*F2-DK2
      CT(I)=(DR(K)+DK1/R(KP1)+DK2/DR(K))*F2
      DT(I)=6.*(DCM(K)/DR(K)*F2-CM(K)+CAB)
      IF (K.EQ.1) GOTO 11
      GOTO 6
   11 AT(2)=BT(2)
      BT(2)=CT(2)
      CT(2)=0.
      GOTO 6
   12 F2=F1*F(NM1)
      AT(NM1)=0.
      BT(NM1)=3.*DR(NM1)*F1+(-2.*DR(NM1)-DK1/R(N)+DK2/DR(NM1))*F2
      CT(NM1)=3.*DR(NM1)*F1+(-DR(NM1)-DK1/R(N)-DK2/DR(NM1))*F2+DK2
      DT(NM1)=6.*(CM(N)-CAB-DCM(NM1)/DR(NM1)*F2)
      GOTO 6
C
C VORGABE VON C1
   20 IF (K.EQ.N) GOTO 22
      AT(I)=0.
      BT(I)=(2.*DR(K)+DK1/R(KP1)-DK2/DR(K))*F(K)
      CT(I)=(DR(K)+DK1/R(KP1)+DK2/DR(K))*F(K)
      DT(I)=6.*(DCM(K)/DR(K)*F(K)-CAB)
```

```
      IF (K.EQ.1) GOTO 21
      GOTO 6
   21 AT(2)=BT(2)
      BT(2)=CT(2)
      CT(2)=0.
      GOTO 6
   22 AT(NM1)=0.
      BT(NM1)=3.*DR(NM1)+(-2.*DR(NM1)-DK1/R(N)+DK2/DR(NM1))*F(NM1)
      CT(NM1)=3.*DR(NM1)+(-DR(NM1)-DK1/R(N)-DK2/DR(NM1))*F(NM1)
      DT(NM1)=6.*(CAB-DCM(NM1)/DR(NM1)*F(NM1))
      GOTO 6
C
C VORGABE VON C2
   30 AT(I)=0.
      BT(I)=0.
      CT(I)=0.
      DT(I)=CAB
      IF (K.EQ.1) GOTO 31
      IF (K.EQ.N) GOTO 32
      BT(I)=1.
      GOTO 6
   31 AT(2)=1.
      GOTO 6
   32 CT(NM1)=1.
      GOTO 6
C
C VORGABE VON CM1
   40 IF (K.EQ.N) GOTO 42
      F1=(1.-AK1/R(K)/R(K))*F(K)
      DT(I)=6.*(DCM(K)/DR(K)*F1-CAB)
      IF (K.EQ.1) GOTO 41
      AT(I)=DK2/DR(KM1)*DR(K)/(DR(KM1)+DR(K))
      BT(I)=(2.*DR(K)+DK1/R(KP1)-DK2/DR(K))*F1-SK1/R(K)
     1-DK2/DR(KM1)+DK2/DR(K)
      CT(I)=(DR(K)+DK1/R(KP1)+DK2/DR(K))*F1-DK2/DR(K)*DR(KM1)
     1/(DR(KM1)+DR(K))
      GOTO 6
   41 AT(2)=(2.*DR(1)+DK1/R(2)-DK2/DR(1))*F1-SK1/R(1)+DK2/DR(1)
     1+DK2/(DR(1)+DR(2))
      BT(2)=(DR(1)+DK1/R(2)+DK2/DR(1))*F1-DK2/DR(1)-DK2/DR(2)
      CT(2)=DK2/DR(2)*DR(1)/(DR(1)+DR(2))
      GOTO 6
   42 F1=1.-AK1/R(N)/R(N)
      F2=F1*F(NM1)
      AT(NM1)=DK2/DR(NM2)*DR(NM1)/(DR(NM2)+DR(NM1))
      BT(NM1)=3.*DR(NM1)*F1+(-2.*DR(NM1)-DK1/R(N)+DK2/DR(NM1))*F2
     1-DK2/DR(NM2)-DK2/DR(NM1)
      CT(NM1)=3.*DR(NM1)*F1-(DR(NM1)+DK1/R(N)+DK2/DR(NM1))*F2
     1+SK1/R(N)+DK2/DR(NM1)+DK2/(DR(NM2)+DR(NM1))
      DT(NM1)=6.*(CAB-DCM(NM1)/DR(NM1)*F2)
      GOTO 6
C
C LOESUNG DES GLEICHUNGSSYSTEMS FUER C2(I)  (I=1,2,.....,N)
C
C ERSTE UND LETZTE ZEILE DES TRIDIAGONALEN GLEICHUNGSSYSTEMS
C
   50 BT(IKA)=AT(IKAM1)*BT(IKA)-AT(IKA)*BT(IKAM1)
      CT(IKA)=AT(IKAM1)*CT(IKA)-AT(IKA)*CT(IKAM1)
```

```
      DT(IKA)=AT(IKAM1)*DT(IKA)-AT(IKA)*DT(IKAM1)
      AT(IKB)=CT(IKBP1)*AT(IKB)-CT(IKB)*AT(IKBP1)
      BT(IKB)=CT(IKBP1)*BT(IKB)-CT(IKB)*BT(IKBP1)
      DT(IKB)=CT(IKBP1)*DT(IKB)-CT(IKB)*DT(IKBP1)
C
C LOESUNG DES TRIDIAGONALEN GLEICHUNGSSYSTEM
C BERECHNUNG DER UNBEKANNTEN C2(I)  (I=IKA,IKA+1,...,IKB)
C
      ALPHA(1)=BT(IKA)
      BETA(1)=DT(IKA)/ALPHA(1)
C
      DO 51  J=2,NT
      I=J+IKA-1
      ALPHA(J)=BT(I)-AT(I)*CT(I-1)/ALPHA(J-1)
   51 BETA(J)=(DT(I)-AT(I)*BETA  (J-1))/ALPHA(J)
C
      C2(IKB)=BETA(NT)
C
      DO 52  K=1,NTM1
      J=NT-K
      I=J+IKA-1
   52 C2(I)=BETA(J)-CT(I)*C2(I+1)/ALPHA(J)
C
C BERECHNUNG DER UEBRIGEN UNBEKANNTEN C2(I)
C
      DO 53  J=1,IKAM1
      I=IKA-J
   53 C2(I)=(DT(I)-BT(I)*C2(I+1)-CT(I)*C2(I+2))/AT(I)
C
      DO 54  I=IKBP1,N
   54 C2(I)=(DT(I)-AT(I)*C2(I-2)-BT(I)*C2(I-1))/CT(I)
C
C ORDNEN DER KOEFFIZIENTEN AT(I),BT(I),CT(I),DT(I)
C FUER NAECHSTES WERTEPAAR CA,CB
C
      DO 60  J=1,IKAM1
      I=IKA-J
      IP1=I+1
      AT(IP1)=AT(I)
      BT(IP1)=BT(I)
      CT(IP1)=CT(I)
   60 DT(IP1)=DT(I)
C
      DO 61  I=IKBP1,N
      IM1=I-1
      AT(IM1)=AT(I)
      BT(IM1)=BT(I)
      CT(IM1)=CT(I)
   61 DT(IM1)=DT(I)
C
C BERECHNUNG VON C,C1,C3,CM1,CM2 UND AUSGABE DER ERGEBNISSE
C
      WRITE (6,206)
C
      DO 70  I=1,N
      J=I
      IF (I.EQ.1) J=2
      IF (I.EQ.N) J=NM1
```

```
      IM1=I-1
      IP1=I+1
      JM1=J-1
      H1=(C2(J)-C2(JM1))/DR(JM1)
      H2=(C2(J+1)-C2(J))/DR(J)
      H3=DR(JM1)+DR(J)
      C3=H2
      IF (I.EQ.1) C3=H1
      IF (I.EQ.1) C3F=H1-(H2-H1)*DR(1)/H3
      IF (I.EQ.J) C3F=H1+(H2-H1)*DR(IM1)/H3
      IF (I.EQ.N) C3F=H1+(H2-H1)*(DR(NM2)+2.*DR(NM1))/H3
      IF (I.NE.N) C1=(DCM(I)/DR(I)-DR(I)/6.*(C2(IP1)+2.*C2(I))
     1-AK1D2/R(IP1)*(C2(IP1)+C2(I))-AK2D2*C3)*F(I)
      IF (I.EQ.N) C1=C1+C2(NM1)*DR(NM1)+C3*DR(NM1)*DR(NM1)/2.
      C=CM(I)-AK1/R(I)*C1-AK2D2*C2(I)
      C4F=2.*(H2-H1)/H3
      CM1=(1.-AK1/R(I)/R(I))*C1+AK1/R(I)*C2(I)+AK2D2*C3F
      CM2=ZK1/R(I)/R(I)/R(I)*C1+(1.-ZK1/R(I)/R(I))*C2(I)+AK1/R(I)*C3F
     1+AK2D2*C4F
      IF (I.NE.N) WRITE (6,207) I,R(I),CM(I),C,C1,C2(I),C3,CM1,CM2
      IF (I.EQ.N) WRITE (6,208) N,R(N),CM(N),C,C1,C2(N),CM1,CM2
   70 CONTINUE
C
C ENDE DER RECHNUNG FUER EIN WERTEPAAR CA,CB
C
   80 CONTINUE
C
C ENDE DER AUSWERTUNG EINER MESSREIHE
C
      GOTO 1
C
   90 STOP
C
C ***** EINGABEFORMATE *****
  100 FORMAT (8A10)
  101 FORMAT (2F10.0,2I5)
  102 FORMAT (8F10.0)
  103 FORMAT (2(I5,F10.0,I5))
C
  200 FORMAT ("1BERECHNUNG DER WERTE C(R) DER PUNKTFOERMIGEN ANORDNUNG A
     1US"/" DEN WERTEN CM(R) DER MESSANORDNUNG MIT DER KORREKTURFORMEL"/
     2" C(R)+K11*C1(R)+K20/2*C2(R)=CM(R)"//" ",8A10/" K11*P=",F29.4/
     3" K20=",F31.4/" ANZAHL DER MESSPUNKTE=",I13/
     4" ANZAHL DER WERTEPAARE CA,CB=",I7)
  201 FORMAT ("0")
  202 FORMAT (" C(R=",F5.1,")=",F15.4)
  203 FORMAT (" C1(R=",F5.1,")=",F14.4)
  204 FORMAT (" C2(R=",F5.1,")=",F14.4)
  205 FORMAT (" CM1(R=",F5.1,")=",F13.4)
  206 FORMAT ("0   I      R        CM        C          C1         C2         C3
     1   CM1        CM2")
  207 FORMAT (I4,F6.1,7F9.4)
  208 FORMAT (I4,F6.1,4F9.4,F18.4,F9.4)
C
      END
```

Eingabedaten des Testbeispieles

```
TESTBEISPIEL C(R)=5000*EXP(-R/2.77)/R
   2.2500     1.2500    24     1
      7.0        7.2
      8.6        8.8         9.0        9.5       10.0       10.5       11.0       12.0
     13.0       14.0        15.0       16.0       17.0       18.0       19.0       20.0
   57.6066    52.2392    47.3944    43.0248    39.0832    35.5222    32.2979    29.3796
   26.7398    24.3510    22.1859    17.6024    14.0026    11.1603     8.9152     5.7180
    3.6905     2.3948     1.5614     1.0222      .6717      .4428      .2927      .1941
    6   -16.9140    2    23     -.1207    4
0
0
```

Ergebnisse des Testbeispieles

```
BERECHNUNG DER WERTE C(P) DER PUNKTFOERMIGEN ANORDNUNG AUS
DEN WERTEN CM(P) DER MESSANORDNUNG MIT DER KORREKTURFORMEL
C(P)+K11*C1(P)+K20/2*C2(P)=CM(P)

TESTBEISPIEL C(P)=5000*EXP(-R/2.77)/R
K11*P=                              2.2500
K20=                                1.2500
ANZAHL DER MESSPUNKTE=                  24
ANZAHL DER WERTEPAARE CA,CB=             1

C1(P=  8.0)=        -16.9140
CM1(P= 19.0)=          -.1207
```

I	R	CM	C	C1	C2	C3	CM1	CM2
1	7.0	57.6066	57.0663	-28.8096	15.6808	-8.7220	-28.2166	14.0849
2	7.2	52.2392	51.6064	-25.8478	13.9364	-7.7013	-25.5031	13.0386
3	7.4	47.3944	46.7053	-23.2146	12.3962	-6.7623	-23.0115	11.8551
4	7.6	43.0248	42.3013	-20.8706	11.0437	-5.9343	-20.7557	10.6777
5	7.8	39.0832	38.3401	-18.7805	9.8569	-5.2435	-18.7357	9.4962
6	8.0	35.5222	34.7742	-16.9140	8.8082	-4.6811	-16.9435	8.4021
7	8.2	32.2979	31.5613	-15.2460	7.8720	-4.1602	-15.3387	7.6355
8	8.4	29.3796	28.6540	-13.7548	7.0399	-3.6764	-13.8794	6.9488
9	8.6	26.7398	26.0489	-12.4203	6.3046	-3.2490	-12.5572	6.2628
10	8.8	24.3510	23.6866	-11.2244	5.6548	-2.8921	-11.3715	5.5823
11	9.0	22.1859	21.5510	-10.1513	5.0764	-2.4163	-10.3229	4.8915
12	9.5	17.6024	17.0595	-7.9152	3.8680	-1.8111	-8.1229	3.8901
13	10.0	14.0026	13.5477	-6.2075	2.9625	-1.3684	-6.3948	2.9969
14	10.5	11.1603	10.7858	-4.8973	2.2783	-1.0085	-5.0519	2.3615
15	11.0	8.9152	8.6009	-3.8842	1.7741	-.6764	-4.0102	1.7881
16	12.0	5.7180	5.4910	-2.4483	1.0977	-.4023	-2.5413	1.1272
17	13.0	3.6905	3.5245	-1.5518	.6954	-.2552	-1.6163	.7087
18	14.0	2.3948	2.2778	-.9840	.4402	-.1685	-1.0344	.4486
19	15.0	1.5614	1.4858	-.6291	.2717	-.1055	-.6667	.2842
20	16.0	1.0222	.9760	-.4092	.1661	-.0573	-.4334	.1810
21	17.0	.6717	.6401	-.2721	.1082	-.0303	-.2834	.1172
22	18.0	.4428	.4169	-.1794	.0773	-.0231	-.1854	.0775
23	19.0	.2927	.2723	-.1137	.0541	-.0221	-.1207	.0513
24	20.0	.1941	.1820	-.0706	.0320		-.0801	.0298

das Programm jenen kubischen Spline $S(r)$, der durch die Meßpunkte mit den Ordinaten C_{m_i} $(i = 1,2,\ldots,n)$ hindurchgeht und die beiden zusätzlich vorgegebenen Werte annimmt; denn die Meßkurve $C_m(r)$ und die "korrigierte" Kurve $C(r)$ sind hier identisch (siehe Gl.(7.8)). Erwartungsgemäß liefert die Vorgabe von C_1 in diesem besonderen Fall keine zusätzliche Bedingung (vgl. die Gleichungen (7.22)); die Vorgabe von C_1' ist gleichbedeutend mit der Vorgabe von C_{m1}' (vgl. die Gleichungen (7.23) und (7.26)).
Die Werte von Zwischenpunkten im Intervall (r_i, r_{i+1}) $(i = 1,2,\ldots, n-1)$ ergeben sich aus der Formel

$$S_i(r) = C_i + C_i'(r-r_i) + \frac{C_i''}{2}(r-r_i)^2 + \frac{C_i'''}{6}(r-r_i)^3, \qquad (7.28)$$

wobei C_i, C_i', C_i'' und C_i''' der Rechnung für $k^{(1)} = 0$, $k^{(2)} = 0$ zu entnehmen sind.
Auf diese Weise wurden auch die "Meßpunkte" für nichtganzzahlige Abszissenwerte des folgenden Testbeispieles berechnet.

7.3. Ein Testbeispiel

Abschließend vergleichen wir an Hand eines Testbeispieles die Ergebnisse von drei Korrekturformeln, die in diesem Kapitel vorgeschlagen wurden. Wir wählen die Korrelationsfunktion $C(r) = 5000 \cdot \exp(-r/2.77)/r$ (Feldverteilung einer Quelle thermischer Neutronen in Wasser bei Raumtemperatur) und legen der Rechnung die Meßanordnung 8 der Tabelle 2.2 mit $R' = 2.5$ cm und $R = 2.0$ cm zugrunde ($k^{(1)} = 2.25$ cm^2, $k^{(2)} = 1.25$ cm^2). Die fiktiven Meßwerte sowie die ersten und zweiten Ableitungen der "gemessenen" Kurve sollen für ganzzahlige Abszissenwerte zwischen $r_0 = 7.0$ cm und $r_0 = 20.0$ cm vorliegen; außerdem soll der Wert von $C'(r)$ an der Stelle $r_0 = 8.0$ cm bekannt sein.
In der Tabelle 7.1 werden die auf drei verschiedenen Lösungswegen erhaltenen korrigierten Meßwerte den wahren Werten der punktförmigen Anordnung gegenübergestellt. Sind die Korrekturglieder

$k^{(1)}/r_o \cdot \{dC(r)/dr\}|_{r=r_o}$ und $k^{(2)}/2 \cdot \{d^2C(r)/dr^2\}|_{r=r_o}$ klein gegenüber $C(r_o)$ (im betrachteten Beispiel etwa für Abszissenwerte $r_o \geq$ ≥ 15.0 cm), liefern die einfachen Korrekturformeln 1) und 2) sehr gute Ergebnisse. Für verhältnismäßig große Unterschiede von C und C_m (hier etwa für Abszissenwerte $r_o \leq 9.0$ cm) bringt der allgemeine Lösungsweg 3) die genaueren Korrekturwerte. Während für die beiden ersten Fälle neben den Meßwerten die Werte von C_m' und C_m'' in allen betrachteten Meßpunkten bekannt sein müssen, genügt im letzten Fall die zusätzliche Kenntnis von zwei Werten, beispielsweise von C' und C_m' in den Meßpunkten mit den Abszissen $r_o =$ $= 8.0$ cm bzw. $r_o = 19.0$ cm.

Tabelle 7.1. Testbeispiel $C(r) = 5000 \cdot \exp(-r/2.77)/r$.
Vergleich der Ergebnisse dreier Korrekturformeln

r_o cm	$C_m(r_o)$ $cm^{-2}s^{-1}$	$C(r_o)$ wahrer Wert $cm^{-2}s^{-1}$	$C(r_o)$ korrigierter Meßwert $cm^{-2}s^{-1}$		
			1)	2)	3)
7.0	57.6066	57.0659	57.4573	57.4577	57.0663
8.0	35.5222	34.8017	34.9577	34.9665	34.7742
9.0	22.1859	21.5607	21.6210	21.6350	21.5510
10.0	14.0026	13.5245	13.5454	13.5598	13.5477
11.0	8.9152	8.5692	8.5742	8.5868	8.6009
12.0	5.7180	5.4748	5.4738	5.4838	5.4910
13.0	3.6905	3.5223	3.5194	3.5270	3.5245
14.0	2.3948	2.2796	2.2766	2.2821	2.2778
15.0	1.5614	1.4829	1.4803	1.4843	1.4858
16.0	1.0222	0.9689	0.9669	0.9697	0.9760
17.0	0.6717	0.6356	0.6340	0.6360	0.6401
18.0	0.4428	0.4184	0.4172	0.4186	0.4169
19.0	0.2927	0.2762	0.2754	0.2764	0.2723
20.0	0.1941	0.1829	0.1823	0.1830	0.1820

1) Besonderer Lösungsweg gemäß den Gleichungen (7.5) und (7.6)
2) Besonderer Lösungsweg gemäß den Gleichungen (7.3) und (7.7)
3) Allgemeiner Lösungsweg gemäß den Gleichungen (7.8)ff.

8. Besondere Anwendungen

In diesem Kapitel behandeln wir Anwendungsbeispiele, bei denen einzelne Voraussetzungen der Korrekturformel (2.27) nicht erfüllt sind; die Lösung des Korrekturproblems erfordert daher zusätzliche Überlegungen: So sind hier die Quellen nicht im bisherigen Sinn homogen; außerdem müssen in einem Fall Absorptionserscheinungen und Abweichungen von der Symmetrie berücksichtigt werden.

Abgesehen davon gibt es zahlreiche Meßanordnungen, bei denen geometrische Probleme die Ergebnisse in zweifacher Hinsicht beeinflussen: Einerseits besteht die uns schon geläufige Abhängigkeit vom Abstand, andererseits die Abhängigkeit von einem Winkel. Dieser Fall tritt beispielsweise in der Kernphysik bei der Messung von Winkelkorrelationen auf: Wenn ein kollimiertes Strahlenbündel in einer Materialprobe (Target genannt) Kernreaktionen auslöst und Reaktionsprodukte in verschiedene Richtungen ausgesandt werden, hängt die Häufigkeit der Reaktionsprodukte auf charakteristische Weise vom Winkel zwischen der Achse des Strahlenbündels und der Richtung des betreffenden Reaktionsproduktes ab. Die Winkelverteilung wird verfälscht gemessen, wenn das Target (bzw. der Querschnitt des Strahlenbündels) und das Eintrittsfenster des Nachweisgerätes nicht genügend klein gehalten werden können. Die Suche nach der unverfälschten Winkelverteilung führt auf ähnliche geometrische Probleme, wie sie in den vorhergehenden Kapiteln erörtert wurden: Dem Einfluß des quadratischen Abstandsgesetzes überlagert sich eine - oft empfindliche - Abhängigkeit der Meßergebnisse vom jeweiligen Winkel. Wegen der Periodizität der Winkelfunktionen können die früheren Überlegungen nicht ohne weiteres hierher übertragen werden. Eine systematische Behandlung dieser Probleme würde jedoch den Rahmen der vorliegenden Arbeit sprengen.

8.1. Photoneutronenquellen (Hohlkugelanordnungen)

Wir fragen im folgenden nach den Korrekturkoeffizienten $K_1^{(1)}$ und $K_0^{(2)}$ einer kugelförmigen Sb-Be-Photoneutronenquelle, die, bedingt durch ihre Konstruktion, eine Neutronenquelle mit inhomogener Strahlungsdichte ist. Sie besteht im wesentlichen aus einer Hohlkugel aus metallischem Beryllium, in deren Hohlraum sich ^{124}Sb, ein energiereicher γ-Strahler, befindet. Durch eine (γ,n)-Reaktion zwischen der 1.69-MeV-γ-Strahlung des Sb-Präparates und ^{9}Be entstehen Neutronen mit einer Energie von etwa 24 keV.

Wir bezeichnen mit R_i' den inneren und mit R_a' den äußeren Radius der Be-Hohlkugel; weiters soll Σ_1 den makroskopischen Absorptionsquerschnitt von Sb hinsichtlich der 1.69-MeV-γ-Strahlung und Σ_2 den makroskopischen Wirkungsquerschnitt für die (γ,n)-Reaktion in Be bedeuten.

Bei den in der Praxis verwendeten Photoneutronenquellen können die beiden Schichten aus Sb und Be stets als "physikalisch dünn" angesehen werden, weil mit $R_i' \approx 0.5$ cm und $R_a' \approx 1.0 - 2.5$ cm die Bedingungen

$$\Sigma_1 \cdot R_i' \ll 1 \tag{8.1}$$

und

$$\Sigma_2 \cdot (R_a' - R_i') \ll 1 \tag{8.2}$$

gut erfüllt sind. Die γ-Strahlung wird also weder in der Sb-Kugel noch in der Be-Hohlkugel wesentlich geschwächt. Deshalb und wegen der kugelsymmetrischen Anordnung des Antimons können wir die betrachtete Photoneutronenquelle in guter Näherung durch ein Modell beschreiben, bei dem der γ-Strahler im Mittelpunkt der Quelle konzentriert ist. Da für diese Modellvorstellung die Neutronenausbeute pro Raumwinkeleinheit nahezu konstant ist, muß die Dichteverteilung der Neutronenstrahlung verkehrt proportional dem Quadrate des Radius sein ($\rho(\mathbf{x}') \sim 1/r'^2$). Bei Normierung der Dichteverteilung auf eins erhalten wir

$$\rho(\mathbf{x}') = \frac{1}{4\pi(R_a' - R_i')r'^2} . \tag{8.3}$$

Mit den in Abschnitt 5.5 gewonnenen Kenntnissen ist es nun leicht, die Korrekturkoeffizienten $K_1^{(1)}$ und $K_o^{(2)}$ zu berechnen. Da wir eine kugelsymmetrische Quelle allein betrachten ($l' = 0$, $\lambda = 0$), benötigen wir nur die Beiwerte ${}_oc_{oo}^{2o}$ der Tabellen 5.1 und 5.2; unter Berücksichtigung dieser Werte liefert die Gl.(5.40) das vorläufige Ergebnis

$$K_1^{(1)} = \frac{1}{r_o}\frac{1}{3}\,Q_{oo}^2\,, \tag{8.4a}$$

$$K_o^{(2)} = \frac{1}{3}\,Q_{oo}^2\,. \tag{8.4b}$$

Das Multipolmoment Q_{oo}^2 ist gemäß der Beziehung (5.12a) für die Dichteverteilung (8.3) zu berechnen:

$$Q_{oo}^2 = \sqrt{4\pi}\int\limits_{R_i'}^{R_a'} \frac{1}{4\pi(R_a' - R_i')r'^2}\,r'^2\,\frac{1}{\sqrt{4\pi}}\,r'^2 dr' d\Omega' =$$

$$= \frac{1}{3}\,\frac{R_a'^3 - R_i'^3}{R_a' - R_i'}\,; \tag{8.5}$$

die gesuchten Korrekturkoeffizienten lauten also

$$K_1^{(1)} = \frac{1}{9r_o}\,\frac{R_a'^3 - R_i'^3}{R_a' - R_i'}\,, \tag{8.6a}$$

$$K_o^{(2)} = \frac{1}{9}\,\frac{R_a'^3 - R_i'^3}{R_a' - R_i'}\,. \tag{8.6b}$$

Zum Vergleich behandeln wir auch noch den Fall der homogenen Dichteverteilung. Hier sind die Korrekturkoeffizienten durch

$$K_1^{(1)} = \frac{1}{5r_o}\,\frac{R_a'^5 - R_i'^5}{R_a'^3 - R_i'^3}\,, \tag{8.7a}$$

$$K_o^{(2)} = \frac{1}{5}\,\frac{R_a'^5 - R_i'^5}{R_a'^3 - R_i'^3}\,. \tag{8.7b}$$

gegeben.

Bei allen übrigen in der Praxis verwendeten Photoneutronenquellen (γ-Strahler: ^{24}Na, ^{56}Mn, ^{72}Ga, ^{116}In, ^{140}La; Target: Be oder D_2O) werden die zu den Gleichungen (8.1) und (8.2) analogen Bedingungen sogar noch strenger erfüllt. Die berechneten Korrekturkoeffizienten (8.6) gelten daher allgemein für kugelförmige Photoneutronenquellen der beschriebenen Bauart /47/.

8.2. Röntgenfluoreszenzstrahlung

Ein kollimiertes, monoenergetisches Photonen-Strahlenbündel ("Primärstrahlung") vom Durchmesser 2R' durchsetzt unter dem Einfallswinkel α eine Materialprobe der Dichte ρ und der Masse δ je Flächeneinheit und verursacht eine charakteristische Fluoreszenzstrahlung ("Sekundärstrahlung"), die im Abstand l von einem Halbleiterdetektor mit kreisförmiger Apertur vom Radius R unter dem Reflexionswinkel β registriert wird (Abb. 8.1). Innerhalb eines schiefen Kreiszylinders (Durchmesser 2R', Höhe 2H'; elliptische Begrenzungsflächen mit den Halbachsen $A' = R'/\cos\alpha$ und $B' = R'$) bilden sich Streuzentren der Fluoreszenzstrahlung. Wegen der Absorption der Primärstrahlung in der Probe nimmt die Anzahl der Streuzentren gemäß $\exp(-\rho\mu_1 l_1)$ ab, wobei wir mit μ_1 den Massenschwächungskoeffizienten und mit l_1 den in der Probe bis zum Streuzentrum zurückgelegten Weg der Primärstrahlung bezeichnen. Die Intensität der Fluoreszenzstrahlung, deren Ausbreitung isotrop vorausgesetzt werden kann, nimmt, abgesehen vom quadratischen Abstandsgesetz, gemäß $\exp(-\rho\mu_2 l_2)$ ab, wenn wir in analoger Weise mit μ_2 den Massenschwächungskoeffizienten und mit l_2 den in der Probe zurückgelegten Weg der Sekundärstrahlung bezeichnen. Da die Probe von Luft umgeben wird, können wir in guter Näherung die Absorptions- und Streueffekte außerhalb der Probe vernachlässigen. Gesucht wird der (reziproke) Korrekturfaktor der beschriebenen Anordnung. Dabei ist der mittlere Raumwinkel der kreisförmigen Apertur für die vorliegende Quelle inhomogener Strahlungsdichte von der Gestalt eines schiefen Kreiszylinders zu bestimmen und die Absorption der Fluoreszenzstrahlung in der Probe zu berücksichtigen.

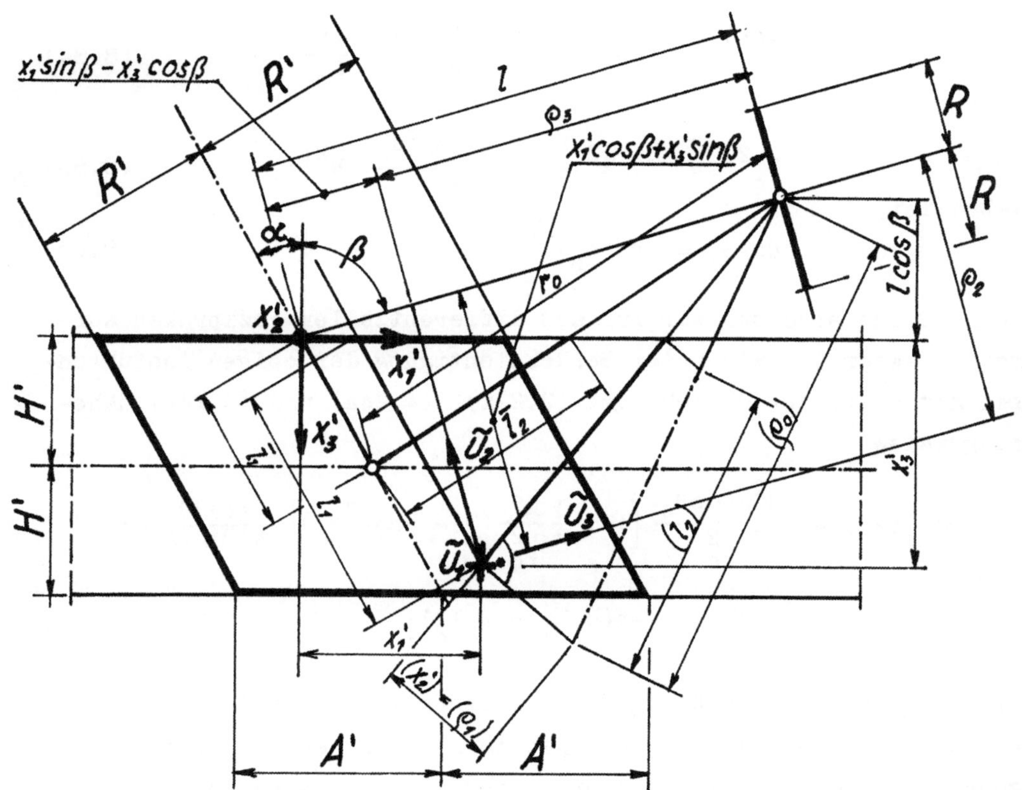

Abb. 8.1. Röntgenfluoreszenzstrahlung. Reflexionsexperiment

Als ersten Rechenschritt bestimmen wir den differentiellen reziproken Korrekturfaktor $dC_m(x')$ für einen beliebigen Quellpunkt mit den Koordinaten (x_1', x_2', x_3'), indem wir den zugehörigen Raumwinkel der kreisförmigen Apertur zum vollen Raumwinkel 4π ins Verhältnis setzen und die Absorption der Primär- und Sekundärstrahlung durch den Faktor $\exp[-\rho(\mu_1 l_1 + \mu_2 l_2)]$ berücksichtigen.
Dazu legen wir zunächst den Ursprung eines rechtwinkligen Koordinatensystems $\tilde{U}$ in den jeweils betrachteten Quellpunkt und richten $\tilde{u}_3$ normal zur Aperturebene und $\tilde{u}_2$ normal zur Zeichenebene aus (siehe Abb. 8.1), so daß der Fall 5 der Tabelle 6.1 vorliegt; mit ρ_o bezeichnen wir den Abstand zwischen Quellpunkt und Mittelpunkt der Apertur, mit (ρ_1, ρ_2, ρ_3) die Koordinaten des Mittelpunktes im $\tilde{U}$--System. Nun entnehmen wir den Tabellen 6.1 und 6.2 die Korrekturkoeffizienten $K_1^{(1)}$ und $K_o^{(2)}$; in der nunmehrigen Bezeichnungsweise

lauten sie:

$$K_1^{(1)} = f_1 \frac{R^2}{\rho_o} = \frac{1 + \cos^2\theta_o}{8} \frac{R^2}{\rho_o}, \quad (8.8a)$$

$$K_o^{(2)} = f_3 R^2 = \frac{1 - \cos^2\theta_o}{4} R^2 ; \quad (8.8b)$$

dabei ist

$$\cos\theta_o = \rho_3/\rho_o . \quad (8.8c)$$

Schließlich erhalten wir für den differentiellen reziproken Korrekturfaktor $dC_m(\mathbf{x}')$ unter Berücksichtigung der obigen Ausführungen mit Hilfe der Gleichungen (2.27a), (4.24a) und (4.24b) näherungsweise

$$dC_m(\mathbf{x}') = \frac{R^2\pi\cos\theta_o}{\rho_o^2} \left[1 + \frac{3}{8}\frac{R^2}{\rho_o^2}(3 - 5\cos^2\theta_o)\right] \frac{(d\mathbf{x}')}{A'B'\pi 2H'} \cdot$$

$$\cdot \frac{1}{4\pi} \cdot e^{-\rho(\mu_1 l_1 + \mu_2 l_2)} . \quad (8.9)$$

Wie die Daten des nachfolgenden Zahlenbeispieles zeigen, ist bei praktisch bedeutsamen Anwendungen im allgemeinen die Grenzbedingung $\rho_o > \rho_{og}$ gut erfüllt und daher auch die Annahme eines für alle Aperturpunkte gemeinsamen Schwächungsfaktors $\exp(-\rho\mu_2 l_2)$ gerechtfertigt.

Die Größen θ_o, ρ_o, l_1 und l_2 in Gl.(8.9) hängen von den Quellpunktskoordinaten (x_1', x_2', x_3') ab; ihr Zusammenhang läßt sich aus der Abb. 8.1 ablesen. Es gelten die Beziehungen:

$$\rho_1 = x_2' , \quad (8.10a)$$

$$\rho_2 = x_1'\cos\beta + x_3'\sin\beta , \quad (8.10b)$$

$$\rho_3 = l - x_1'\sin\beta + x_3'\cos\beta , \quad (8.10c)$$

$$\rho_o^2 = \rho_1^2 + \rho_2^2 + \rho_3^2 , \quad (8.10d)$$

$$l_1 = x_3'/\cos\alpha , \quad (8.10e)$$

$$l_2 = \rho_o \cdot x_3'/(l\cos\beta + x_3') . \quad (8.10f)$$

Wir integrieren nun über das Quellenvolumen $\mathbf{B}'$ und erhalten zunächst für den gesuchten reziproken Korrekturfaktor $C_m(r_o)$

$$C_m(r_o) = \int_{B'} dC_m(x') =$$

$$= \frac{R^2}{8\pi A'B'H'} \int_{B'} \frac{\cos\theta_o}{\rho_o^2} \left[1 + \frac{3}{8}\frac{R^2}{\rho_o^2}(3 - 5\cos^2\theta_o)\right] e^{-\rho(\mu_1 l_1 + \mu_2 l_2)}(dx') \tag{8.11}$$

und nach Einführung der elliptischen Zylinderkoordinaten (ξ_1, ξ_2, ξ_3) gemäß

$$x_1' = E'\cosh\xi_1\cos\xi_2 + \xi_3\tan\alpha , \tag{8.12a}$$

$$x_2' = E'\sinh\xi_1\sin\xi_2 , \tag{8.12b}$$

$$x_3' = \xi_3 , \tag{8.12c}$$

mit

$$E' = R'\tan\alpha \tag{8.12d}$$

schließlich

$$C_m(r_o) = \frac{\rho R^2\sin^2\alpha}{2\pi\delta\cos\alpha} \int_0^{\delta/\rho} \int_0^{\pi} \int_0^{\log\sqrt{\frac{1+\cos\alpha}{1-\cos\alpha}}} \frac{\cos\theta_o}{\rho_o^2} \left[1 + \frac{3}{8}\frac{R^2}{\rho_o^2}(3 - 5\cos^2\theta_o)\right] \cdot$$

$$\cdot\, e^{-\rho(\mu_1 l_1 + \mu_2 l_2)} (\cosh^2\xi_1 - \cos^2\xi_2)\, d\xi_1 d\xi_2 d\xi_3 . \tag{8.13}$$

Das Volumsintegral in Gl.(8.13) erstreckt sich über einen quaderförmigen Bereich und läßt sich daher beispielsweise mit Hilfe der Integrationsformeln nach Gauß-Legendre (siehe etwa /46/, S. 101ff.) oder mittels der von Irons /48/ vorgeschlagenen Formeln ohne Schwierigkeiten numerisch berechnen.

Im Transmissionsexperiment wird die Sekundärstrahlung unter dem Transmissionswinkel γ, der von der x_3'-Achse aus positiv gerechnet wird, registriert. Während die Gleichungen (8.10a) - (8.10e) mit $\beta = \pi-\gamma$ weiterhin ihre Gültigkeit behalten, ist die Gl.(8.10f) durch

$$l_2 = \rho_o \cdot (2H' - x_3')/(l\cos\gamma - x_3') \tag{8.14}$$

zu ersetzen, weil sich hier die Apertur des Halbleiterdetektors auf der anderen Seite der Materialprobe befindet.

Wir geben nun ein Zahlenbeispiel an, das sich auf ein in /49/ beschriebenes Experiment bezieht, bei dem unter anderem die Intensität der K_α-Linie von Zink in Abhängigkeit von der Energie der Primärstrahlung beobachtet wird. In der Tabelle 8.1 sind alle erforderlichen Daten für die Berechnung des reziproken Korrekturfaktors sowie die Ergebnisse für verschiedene Energien der Primärstrahlung angeführt. Zu Vergleichszwecken wurden auch jene Werte berechnet (in der Tabelle 8.1 "grob" genannt), die sich ergeben, wenn man die räumliche Ausdehnung der Quelle vernachlässigt und die Absorption der Primär- und Sekundärstrahlung nur durch die Mittelwerte $\exp(-\rho\mu_1\bar{l}_1)$ und $\exp(-\rho\mu_2\bar{l}_2)$ berücksichtigt. Weil die Quelle sehr dünn ist ($\delta \approx 3$ mg/cm^2), könnte man leicht zur Ansicht neigen, daß die Gegebenheiten durch die Annahme einer Flächenquelle hinreichend genau beschrieben werden. Dennoch weichen die gegenübergestellten Werte zum Teil beträchtlich, im Extremfall sogar um fast zehn Prozent, voneinander ab.

Tabelle 8.1. Werte des reziproken Korrekturfaktors für verschiedene Energien der Primärstrahlung

K_α-Linie von Zink		$E_2 = 8.6388$ keV		$\mu_2 = 47.21$ cm^2/g	
$\rho = 7.133$ g/cm^3		$\delta = 3.424$ mg/cm^2			
$R' = 0.1$ cm		$\alpha = 45^\circ$			
$R = 0.125$ cm		$\beta = \gamma = 45^\circ$		$l = 3.38$ cm	
Primärstrahlung		Reflexionsexperiment		Transmissionsexperiment	
E_1 keV	μ_1 cm^2/g	$C_m(r_o)$ nach Gl.(8.13)	$C_m(r_o)$ grob	$C_m(r_o)$ nach Gl.(8.13)	$C_m(r_o)$ grob
9.75	256.70	0.0001788	0.0001637	0.0001708	0.0001637
10.00	239.50	0.0001847	0.0001706	0.0001769	0.0001706
11.00	184.60	0.0002053	0.0001949	0.0001985	0.0001949
12.00	145.50	0.0002221	0.0002142	0.0002163	0.0002143
13.00	117.00	0.0002356	0.0002295	0.0002307	0.0002296
14.00	95.57	0.0002466	0.0002417	0.0002423	0.0002418
15.00	79.19	0.0002555	0.0002515	0.0002518	0.0002516

9. Zusammenfassung

In der Literatur gibt es nur wenige Arbeiten, die Geometriekorrekturen in vergleichbarer Art behandeln. Die dort betrachteten Anordnungen beschränken sich auf ebene Quellen und Sonden in spezieller, einfacher Lage.

Im Rahmen dieser Arbeit wird erstmalig das Korrekturproblem für räumliche Felderreger und Probekörper in beliebiger Lage systematisch untersucht und allgemein erörtert. Die Untersuchungen führen auf die Korrekturformel

$$C_m(r_o) = C(r_o) + K_1^{(1)} \left.\frac{dC(r)}{dr}\right|_{r=r_o} + K_o^{(2)} \frac{1}{2!} \left.\frac{d^2C(r)}{dr^2}\right|_{r=r_o}, \qquad (9.1)$$

die den Zusammenhang zwischen den Feldgrößen bei ideal punktförmigen und bei endlich ausgedehnten Felderregern (Quellen) und Probekörpern (Sonden) näherungsweise beschreibt.

Zwei Fragen finden damit ihre Antwort:

1. Welcher (Meß-)Wert ist bei Kenntnis der Feldverteilung eines punktförmigen Felderregers zu erwarten, wenn der Felderreger oder der Probekörper, oder beide, räumlich ausgedehnt sind?
2. Wie kann man aus den Meßdaten (Daten bei räumlicher Ausdehnung von Felderreger und Probekörper) auf jene Werte schließen, die sich bei der "idealen" Anordnung ergeben, bei der Felderreger und Probekörper punktförmig sind?

Die Entwicklungskoeffizienten $K_1^{(1)}$ und $K_o^{(2)}$ hängen voraussetzungsgemäß ausschließlich von geometrischen Faktoren ab und beschreiben die geometrische Abweichung von der punktförmigen Anordnung senkrecht zur Verteilungsachse bzw. in deren Richtung; in ihre Berechnung gehen die Werte der Drehmatrixelemente ein, die Funktionen der Eulerwinkel sind und auf die räumliche Lage von Quelle und Sonde Bezug nehmen. Die beiden Ableitungen kennzeichnen die Art der betrachteten Feldgröße. Für die Wahl der Korrekturformel in dieser speziellen Form, bei der auch die zweite Ableitung berücksichtigt wird, sind die folgenden Argumente ausschlaggebend: Die vorgeschlagene Korrekturformel ist die einfachste, die für die in Abschnitt 3.2 definierten Korrelationsfunktionen mit der Reihenentwicklung nach Potenzen von $1/r_o$ bis zur dritten Ordnung übereinstimmt. Für die in Abschnitt 3.5 behandelten Korrelationsfunktionen wird die asymptotische Entwicklung des Meßwertes (die Konstante B_o) wenigstens näherungsweise durch die Korrekturformel beschrieben. $K_1^{(1)}$ und $K_o^{(2)}$ sind die einzigen Entwicklungskoeffizienten, bei deren Berechnung der Einfluß von Quelle und Sonde getrennt ermittelt werden kann, denn nur sie sind durch die Summe einzelner von Quelle und Sonde herrührender Beiträge darstellbar.

Die Korrekturformel läßt sich anwenden, wenn die bei ihrer Ableitung geforderten Voraussetzungen erfüllt sind (Korrelationsfunktion nur vom Betrag des Abstandes von Quell- und Aufpunkt abhängig; Betrachtung symmetrischer Quellen und Sonden) und der Mittelpunktsabstand r_o innerhalb des Gültigkeitsbereiches liegt, also größer als ein bestimmter Grenzabstand r_{og} ist.

Die Gegenüberstellung von exakten und mit Hilfe der Korrekturformel näherungsweise bestimmten Größen zeigt bereits für erstaunlich kleine Mittelpunktsabstände von Quelle und Sonde eine gute Übereinstimmung. Bei Durchsicht der betrachteten Beispiele läßt sich die Faustformel erkennen, daß eine Genauigkeit von einem Prozent etwa für Entfernungen $r_o/r_{og} \approx 1.5$ und eine Genauigkeit von einem Promille bei $r_o/r_{og} \approx 3.0$ erreicht wird. In ungünstig gelagerten Fällen verschieben sich diese Werte nach oben und betragen annähernd 3.0 und 5.0 . Anordnungen kugelähnlicher Quellen und Sonden liefern im allgemeinen günstige Zahlenwerte. Die angeführten Ergebnisse gelten, streng genommen, nur für die in Abschnitt 3.2 definierten Feldgrößen; in allen anderen Fällen ist Vorsicht geboten, weil hier die Fehlerabschätzung problematisch wird. Falls zusätzlich im Sinne einer kleinen Störung die Voraussetzung erfüllt ist, daß die Abmessungen von Quelle und Sonde klein gegenüber auftretenden charakteristischen Längen sind, wird man wohl das Fehlermaß F_q heranziehen, das allerdings nur auf die geometrische Anordnung Bezug nimmt. Die entsprechenden Werte von

F_q zu den oben angegebenen Genauigkeiten liegen größenordnungsmäßig bei 5 und 1 Prozent.

Die im dritten und fünften Kapitel durchgeführten, das asymptotische Verhalten des Meßwertes für große Entfernungen betreffenden Untersuchungen bringen ein bemerkenswertes Ergebnis. Sie widerlegen die fast selbstverständlich scheinende Behauptung, daß bei hinreichend groß gewähltem Mittelpunktsabstand der Einfluß der endlichen Ausdehnung von Quelle und Sonde prinzipiell vernachlässigbar wäre. Wie den Ausführungen zu entnehmen ist, hat in diesem Zusammenhang die Art der betrachteten Feldgröße einen wesentlichen Einfluß auf das asymptotische Verhalten des Meßwertes. Das gewählte Beispiel der Flußdichteverteilung einer Quelle thermischer Neutronen zeigt, daß bei Problemen, in denen charakteristische Längen, wie etwa die Diffusionslänge, auftreten, neben der Quellenabmessung auch deren Verhältnis zu den charakteristischen Längen zu beachten ist. So gesehen ist es verständlich, daß mit wachsendem Abstand der Einfluß der endlichen Größe keinesfalls verschwindet, denn die Abhängigkeit des Problems vom Parameter "Quellenabmessung/charakteristische Länge" wird ja dadurch nicht aufgehoben.

Im fünften Kapitel wird das Problem der Größenkorrektur aus der Sicht der Multipolentwicklung betrachtet, wodurch grundlegende Zusammenhänge im Aufbau der Korrekturformel deutlich werden. Es wird die Übereinstimmung der eingangs eingeführten Taylorreihenentwicklung mit einer Entwicklung nach "verallgemeinerten" statischen Multipolen gezeigt, welche die bekannten Multipolentwicklungen der Elektro- und Magnetostatik als Sonderfälle enthält. Insbesondere wird auch die Abhängigkeit der Korrekturkoeffizienten von den Multipolmomenten der Quelle und den Multipolmomenten der Sonde explizit angegeben, so daß selbst für inhomogene Dichteverteilungen die Korrekturkoeffizienten ohne Schwierigkeit berechnet werden können.

Die praktische Anwendung der Korrekturformel erweist sich in jenen Fällen schwierig, bei denen Quelle und Sonde eine allgemeine Lage einnehmen und die Eulerwinkel (die ja die Lage von Quelle und

Sonde beschreiben) erst berechnet werden müßten. Folglich sind auch die Drehmatrixelemente vorerst nicht bekannt, die zur Berechnung der Korrekturkoeffizienten $K_1^{(1)}$ und $K_0^{(2)}$ erforderlich sind. Im sechsten Kapitel wird daher erörtert, wie man bei einer solchen allgemeinen Lage die Drehmatrixelemente bestimmt, ohne die Eulerwinkel explizit berechnen zu müssen. Als Ergebnis der Untersuchung wird das angeführte Problem auf die Ermittlung zweier leicht berechenbarer Richtungsparameter der Verteilungsachse und auf die Verwendung der im Text angegebenen Tabellen zurückgeführt; dadurch wird der praktische Benützer der Korrekturformel in die Lage versetzt, auch bei allgemeiner Quellen- und Sondenlage die Korrekturkoeffizienten schnell und einfach zu berechnen.

Die Aufgabe, aus Meßdaten auf die Werte ideal punktförmiger Anordnungen zu schließen, ist selbst bei Kenntnis der Korrekturkoeffizienten $K_1^{(1)}$ und $K_0^{(2)}$ nicht einfach, weil hier neben der gesuchten Größe $C(r_0)$ auch die Differentialquotienten $\{dC(r)/dr\}\big|_{r=r_0}$ und $\{d^2C(r)/dr^2\}\big|_{r=r_0}$ unbekannt sind. Aus mathematischer Sicht ist eine inhomogene Differentialgleichung zweiter Ordnung zu lösen, deren inhomogener Teil nur an diskreten Stellen (den Abszissenwerten, für die Meßwerte vorliegen) bekannt ist. Dieses Problem wird im siebenten Kapitel eingehend diskutiert und mehrere Lösungswege werden vorgestellt. Beim allgemeinen Lösungsweg wird die erwähnte Differentialgleichung mit Hilfe eines kubischen Splines gelöst, wobei wegen der Eindeutigkeit der Lösung zwei zusätzliche Bedingungen erforderlich sind. Ein FORTRAN-Programm erleichtert die praktische Durchführung der Rechnung auf einer Rechenanlage erheblich, so daß dem Benützer nur mehr die Aufgabe verbleibt, die Eingabedaten (im wesentlichen die Korrekturkoeffizienten und die Meßdaten) zu erstellen.

Das achte Kapitel schließlich behandelt besondere Anwendungen. Dabei werden komplexe Probleme erörtert, die erst durch zusätzliche Überlegungen mit Hilfe der Korrekturformel gelöst werden können. Dadurch soll der Leser Hinweise und Anregungen erhalten, wie die Korrekturformel auch bei schwierigen Aufgaben vorteilhaft anzuwenden ist.

10. Literaturverzeichnis

/1/ F. Hopfner, Physikalische Geodäsie (Akad. Verlagsges., Leipzig, 1933).

/2/ Z. Kopal, An introduction to the study of eclipsing variables (Harvard U.P., 1946).

/3/ Z. Kopal, Close binary systems (Chapman, London, 1959).

/4/ J.E. Hill, L.D. Roberts und T.E. Fitch, AECD-3392 (1948) 27.

/5/ J.W. Wade, Nucl. Sci. Eng. 4 (1958) 12.

/6/ H. Soodak (Herausgeber), Reactor Handbook IIIA Physics (Wiley, New York, 1962) S. 91.

/7/ F.A. Valente, A manual of experiments in reactor physics (Macmillan, New York, 1963) S. 65.

/8/ W. Prochazka und F. Bensch, Nucl. Instr. and Meth. 58 (1968) 117.
Weiterentwicklungen von /8/ sind /9/ und /10/:

/9/ W. Prochazka, Dissertation (Technische Universität Wien, Wien, 1973).

/10/ W. Prochazka und F. Bensch, AIAU-74203 (1974).

/11/ K.H. Beckurts und K. Wirtz, Neutron Physics (Springer, Berlin, 1964).

/12/ F. Bensch und C.M. Fleck, Neutronenphysikalisches Praktikum 1, 2 (Bibl. Institut, Mannheim, 1968).

/13/ F.W. Grover, Inductance Calculations (Van Nostrand, New York, 1947).

/14/ M. Laudet, J. Phys. Radium 13 (1952) 549.

/15/ E. Durand, C. R. Acad. Sci. (Paris) 242 (1956) 887.

/16/ G. Rowlands, Intern. J. Appl. Radiation and Isotopes 10 (1961) 86.

/17/ H. Bucerius, Astron. Nachr. 279 (1951) 238.

/18/ F. Zagar, Comment. Pont. Acad. Sci. 10 (1946) 407.

/19/ R. Rhodes und G. Rowlands, Proc. Leeds Phil. Lit. Soc. 6 (1954) 191.

/20/ G. Rowlands, Dissertation (Leeds, 1956).

/21/ T. Rockwell, Reactor shielding design manual (Van Nostrand, Princeton, 1956).

/22/ P.C. Gupta, J.P. Jain und M.M. Gupta, Intern. J. Appl. Radiation and Isotopes 18 (1967) 449.

/23/ E.E. Kovalev, Atomnaja energija 6 (1956) 538.

/24/ J.H. Hubbell, R.L. Bach und J.C. Lamkin, NBS J. Res. 64C (Eng. and Instr.) 2 (1960) 121

/25/ J.H. Hubbell, R.L. Bach und R.J. Herbold, NBS J. Res. 65C (Eng. and Instr.) 4 (1961) 249.

/26/ J.C. Maxwell, Electricity and Magnetism (Clarendon Press, Oxford,England, 1873) Bd. II, S. 694f.

/27/ M.M. Agrest, M.Z. Maksimov und A.N. Khmelevskiǐ, Zh. tekh. Fiz. 28 (1958) 1345.

/28/ E. Durand, C. R. Acad. Sci. (Paris) 242 (1956) 78.

/29/ A.V.H. Masket, R.L. Macklin und H.W. Schmitt, ORNL-2170 (1956).

/30/ N. Blachman, Priv. Mitt. an B.J. Burtt, Nucleonics 5 (1949) 28.

/31/ A.H. Jaffey, Rev. Sci. Instr. 25 (1954) 349.

/32/ M.W. Garett, Rev. Sci. Instr. 25 (1954) 1208.

/33/ V.I. Lozgachev, Soviet Physics - Technical Physics (USA) 5 (1961) 1939.

/34/ M.P. Ruffle, Nucl. Instr. and Meth. 52 (1967) 354.

/35/ L. Ruby und J.B. Rechen, Nucl. Instr. and Meth. 58 (1968) 345.

/36/ I.R. Williams, Nucl. Instr. and Meth. 44 (1966) 160.

/37/ C. Bonnet, P. Hillion und G. Nurdin, Nucl. Instr. and Meth. 54 (1967) 321.

/38/ I.R. Williams, A.M. Craig Jr. und C.L. Thompson, J. Comput. Phys. (USA) 2 (1968) 332.

/39/ R.P. Gardener und K. Verghese, Nucl. Instr. and Meth. 93 (1971) 163.

/40/ P. Obložinsky und I. Ribansky, Nucl. Instr. and Meth. 94 (1971) 187.

/41/ Y.S. Horowitz, S. Mordechai und A. Dubi, Nucl. Instr. and Meth. 123 (1975) 551.

/42/ G. Eder, Elektrodynamik (Bibl. Institut, Mannheim, 1967).

/43/ J.D. Talman, Special Functions (Benjamin, New York, 1968).

/44/ O. Hittmair, Lehrbuch der Quantentheorie (Thiemig, München, 1972).

/45/ H. Späth, Spline-Algorithmen zur Konstruktion glatter Kurven und Flächen (Oldenbourg, München, 1973).

/46/ B. Carnahan, H.A. Luther und J.O. Wilkes, Applied Numerical Methods (Wiley, New York, 1969).

/47/ F. Bensch und F. Vesely, J. Nucl. Energy 23 (1969) 537.

/48/ B.M. Irons, Numerical Meth. in Eng. 3 (1971) 293.

/49/ R. Goldermann, Dissertation (Technische Universität Wien, Wien, 1976).